NHK BOOKS
1268

フクシマ 土壌汚染の10年
——放射性セシウムはどこへ行ったのか

nakanishi tomoko
中西友子

NHK出版

はじめに

東京電力福島第一原子力発電所事故から10年が経過した。

２０２１年3月現在、福島県内・県外を含め4万人弱の方が避難生活を余儀なくされたままである。その大きな原因は、事故により降ってきた放射性物質（フォールアウト、放射性降下物）による放射能汚染である。

放射能汚染地域について、現在の状況は図版aの通りである。この10年の間に、「帰還困難区域」を除いた地域の除染は、道路も含めて全て終了した。そして、帰還困難区域の中に「特定復興再生拠点区域」が作られて除染作業が行われ、役所などを誘致して住宅整備も進められて、新しい街が形成され始めている。

福島第一原発事故により最も汚染された地域の大部分は、農業関連地である。これには森林も含まれる。その面積は、汚染地域のじつに8割以上を占める。そして、そこで生活をしていた農業に関わる人たちが最も知りたいことは、現場の放射能汚染の実態であり、放射能汚染が事故後どのように変化しているのか、動植物へはどのように汚染が拡がっているのかなど、実際の現場

図版a　避難指示区域の概念図(2021年3月)

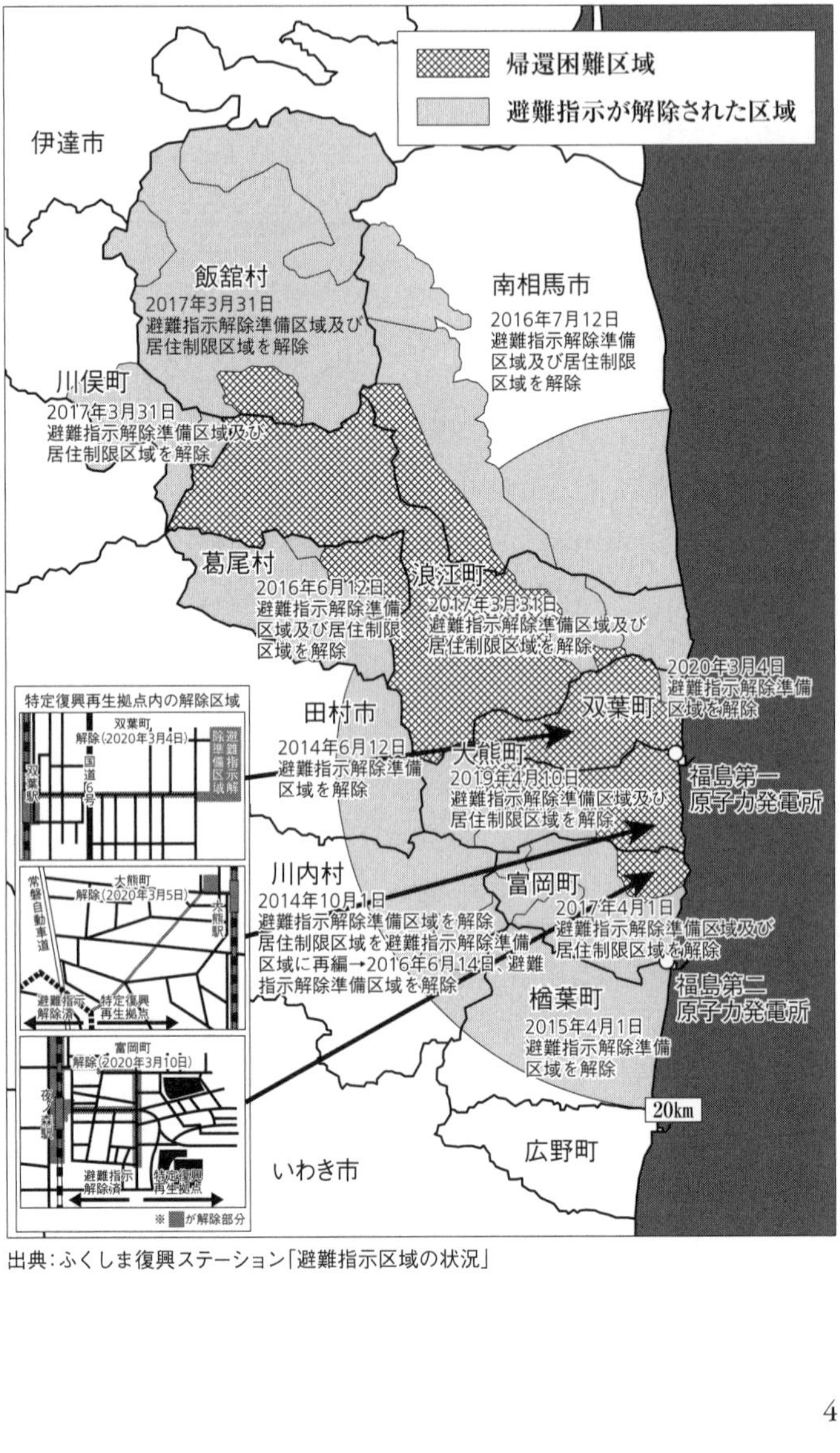

出典:ふくしま復興ステーション「避難指示区域の状況」

での知見である。これは汚染地域から離れたところに住む人々にとっても関心のあるところだろう。農業地域も含め、最も汚染面積が広いところは、なんといっても「土壌」で覆われた場所である。そこで、本書では、土壌の汚染がどのようなもので、その汚染がどのように変化してきたかについて、広範囲にわたって調査してきた結果を紹介したい。さらに、その土壌を利用している農業について、農地や農作物の汚染がどうなっているか、森林の汚染はどのような状況にあるかについて、一般の方々にもなるべく分かるような形で、要点を紹介していきたい。

本書は、2013年に『土壌汚染――フクシマの放射性物質のゆくえ』として出版した本の続編にあたる。『土壌汚染』では、福島第一原発事故の影響について、暫定的に把握されていたことを記した。これに対して本書は、その後、放射能汚染はどのようになったのか、新たに問題となったことは何かなどについて、より確実に分かってきた調査結果をまとめたものである。

原発事故の影響をめぐる議論が続けられるなかで、私たちが放射能汚染を考える際、基になるものは科学的な調査結果である。事故直後から研究者たちが集まって現地で継続的に行ってきた調査の結果をできるだけ広い範囲で収めたので、あらためて、福島における放射能汚染を考える際の参考にしていただければ幸いである。なお本文中で特に断りなく姓のみで言及された研究者は、ほぼ私たちの調査研究グループのメンバーである。その方々の一覧を巻末の「あとがき」に掲げた。

目次

校　閲　河津香子
図版作成・DTP　㈱ノムラ

序章

「放射能」を理解する——汚染をめぐる基礎知識

同位体とは何か、核種とは何か

放射能汚染を考えるために、まず放射線とは何かという基礎から、要点を解説しておきたい。

私たちの体を含め、地球上のありとあらゆる物質は、どこまでも細かく分けていくと、原子(atom)と呼ばれる粒子に行きつく。その粒子には色々な種類があり、例えばナトリウムやカリウムなどの名前がつけられている。この各々の名前を「元素(element)」と呼んでいる。人間だけでなく、動植物、鉱物など全ての物質がこれらの元素の組み合わせからできている。地球上にはおよそ100種の元素が存在しており、その組み合わせで分子が構成され、それらがまた組み合わさって細胞や組織ができている。

再び細かく分けていくと、原子は原子核と電子から成る。さらに、原子核は陽子と中性子という2種の粒子から成る。電子はマイナスの電荷を、陽子はプラスの電荷を帯び、中性子は電気的には中性である。

元素は、原子核に含まれる陽子の数をもとにして、陽子の数が少ないものを「小さい」元素とし、陽子の数が多いものを「大きい」元素として、順番に並べていくことができる（元素周期表）。例えばカルシウムは陽子の数が20個なので「20番目」の元素となる。この場合、普通は中性子数も20個であり、この「普通のカルシウム」を、陽子と中性子を合計した数を使ってCa-40と表記する。（本書では便宜上これを「カルシウム40」のように表記する。）このように、比較的小さい元素（元素周期表で言えば3段目くらいまで）では、原子核の中の陽子の数と中性子の数は大体同じである。

それより大きい元素では、徐々に陽子数と中性子数の差が拡がっていくが、基本的にはそれぞれの元素において、一定の均衡点がある。例えば本書で主に扱う元素であるセシウムでは陽子数55、中性子数78という組み合わせがこれにあたる（セシウム133）。

さて、カルシウムのなかには、ごくわずかだが中性子が22個のカルシウム42や、25個のカルシウム45がある。これらの元素は、中性子の数が違っているが「同じ陽子数のところに位置する」と考えて、カルシウムの「同位体(isotope)」と呼ばれる。また、元素としては同じだが原子核の構成が異なっていることから、それぞれは核種(nuclide)が異なると言う。セシウムで言えば、天然のものは全てセシウム133であるが、原子力発電などによって生まれる中性子数82のセシウム137はセシウムの同位体である。福島第一原発事故で汚染された場所で今でも測定される放射性セシウムは、このセシウム137である。

放射性同位体は「崩壊」する

そして、元素の同位体は「安定」なものと「不安定」なものとに分かれる。これを分けるのは原子核の安定性の違いである。(以降、単に「核」と呼ぶときは原子核のことを指す。)すなわち、1つの核に含まれる陽子数と中性子数が均衡していると、バランスの良い、安定な核となるが、この均衡から陽子数や中性子数がずれていくにつれて、バランスの悪い、不安定な核となる。不安定な核は、より安定な核になろうとする。こうして、ある核種が放射線を出して別の核種に変化する現象を「崩壊」と呼ぶ。

崩壊していく核種は「放射性同位元素」または「放射性同位体」と呼ばれる。逆に、同じ元素で安定な核を持つ同位体は「安定同位体」という。放射性同位体と安定同位体は陽子の数が等しく、化学的には同じ「挙動（action）」を示す。挙動とは、ここでは化学的な条件変化に伴う分子や原子の動きを言う。化学的な挙動は陽子の数によって決まるので、例えばカルシウムのなかで25個の中性子を持つ不安定な核種、カルシウム45と、20個の中性子を持つ安定な核種、カルシウム40は、化学的な挙動が同じである。また、セシウムではセシウム133が安定な核を持つ安定同位体で、セシウム137は放射性同位体である。

半減期とは何か

さて、原発事故後、「半減期」という言葉がよく知られるようになった。これは、不安定な放射性同位体が安定同位体へと移行するときの「速度」を表す指標である。

まず、崩壊の過程を詳しく見てみよう。例えば不安定なカルシウム45（陽子数20、中性子数25）は、中性子が1つ陽子に「転換」することで、新たな核種スカンジウム（陽子数21、中性子数24の安定同位体スカンジウム45）となる。カルシウムとスカンジウムは陽子数が1つ違いで、元素周期表では隣り合っている。ある不安定な核種が、〝次〟の安定な核種になるパターンである。

セシウムではどうか。セシウム137（陽子数55、中性子数82）の崩壊でも、均衡より多い中性子が陽子に転換することで崩壊が進んでいく。陽子数が56、中性子数81になり、バリウム137という安定同位体に移行する。ただ、安定なバリウム137になる前に、同じバリウムであるがもう少し不安定な、準安定バリウム137mとなる。このバリウム137mは生まれてから二分半ほど経つと半数は安定なバリウム137になるが、残ったバリウム137mは同じ速度でさらに崩壊していく。

図版0-1　放射性核種の減り方と半減期

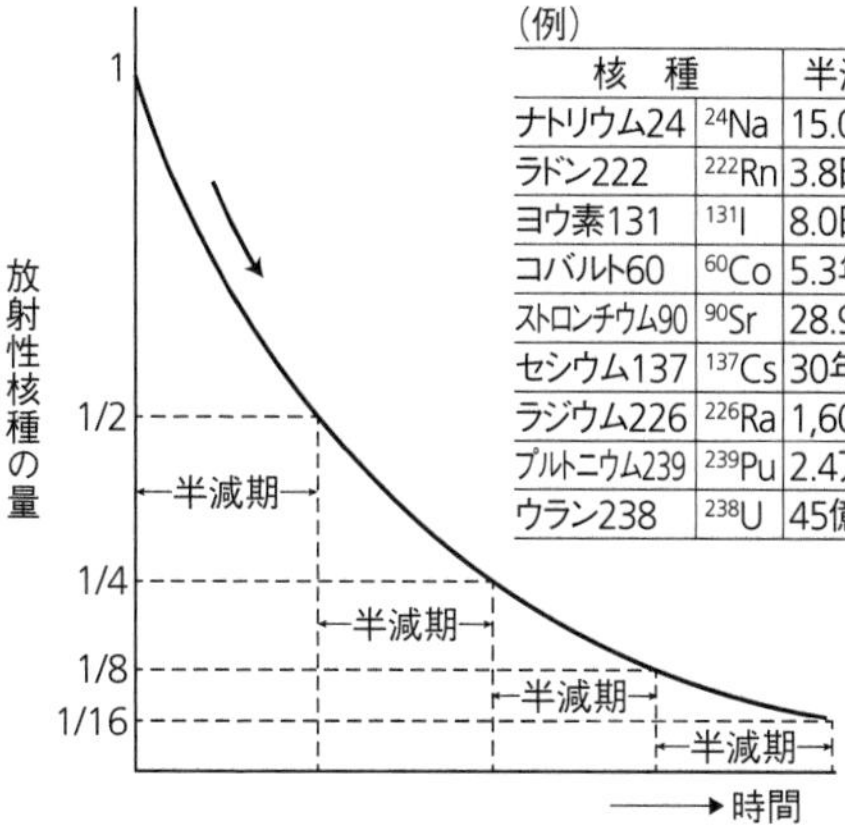

核　種		半減期
ナトリウム24	^{24}Na	15.0時間
ラドン222	^{222}Rn	3.8日
ヨウ素131	^{131}I	8.0日
コバルト60	^{60}Co	5.3年
ストロンチウム90	^{90}Sr	28.9年
セシウム137	^{137}Cs	30年
ラジウム226	^{226}Ra	1,600年
プルトニウム239	^{239}Pu	2.4万年
ウラン238	^{238}U	45億年

さて、右のような崩壊過程において、中性子が陽子に転換する際、電気的に中性であったものがプラスの電荷を帯びることになる。このとき原子核の中から、マイナスの電荷を帯びた電子が飛び出していく（通常、原子を構成している電子とは別物）。この電子をベータ粒子（β粒子）と呼び、β粒子の流れをβ線という。β線は放射線の一種である。

個々の原子核において崩壊がいつ起きるかは決まっていないため、予測はできない。しかし全体の半分の原子核が崩壊して、放射性核種が半分に減るまでにかかる時間は、核種ごとに決まっている。この時間を半減期と呼ぶのである（図版0－1）。カルシウム45の半減期は約163日、セシウム137の半減期はおよそ30年である。

放射線の種類

放射線には主として3種類ある。前述のβ線のほか、アルファ線（α線）、ガンマ線（γ線）である。β線の実体は、原子核から飛び出てくる電子の流れである。

α線は大きな元素が崩壊する過程で生じやすい。大きな放射性元素の場合、たくさんの小さな核種に分かれていくものがある。これが核分裂であり、原子爆弾や原子力発電で知られるように、放射線の放出を伴う。このときに出る放射線にα線がある。分かれてできた個々の核種もまた不安定な核種である場合には、さらに放射線を出して、より安定な核種へと移っていく。

例えば天然ウランの大部分を占めるウラン238は、45億年という超長期の半減期をもつ。つまり、誕生後およそ46億年が経過した地球では、生成時に保有していたウラン238の量は、現在では半分にまで減っていることになる。

ウランには安定同位体が存在しない、つまり全てのウランは放射性元素であり崩壊の運命にある。ウラン238は、トリウム234、ラドン222など、じつに14もの核種を経て最終的に鉛206へと崩壊していくが、その際の多くの過程でヘリウム4を放出する。ヘリウム4自体は安定な核種で、自然界に存在するヘリウムのうち99パーセント以上がこの形態となっているが、大きい放射性元素が崩壊していく際、陽子と中性子が2個ずつ、ひとかたまりになって放出されるとき、このかたまりがヘリウム4なのである。このヘリウム4がα粒子であり、α粒子の流れが「α線」である。

γ線は電磁波の一種であり、X線や紫外線なども電磁波であるが、γ線は特に波長が短くエネルギーが高い。セシウム137の崩壊過程では、準安定バリウム137mが安定なバリウム137になる過程で、安定になった分に相当するエネルギーが、放射線として放出される。α線、β線は粒子の放出（流れ）であるが、γ線放出では、陽子数も中性子数も変化しないため、核種は変わっても元素は同じである。

3種類の放射線は、透過力においてα線→β線→γ線の順に高くなっていくので、γ線の遮蔽が最も難しいことになる。α線のエネルギーは高いものの、α線は紙1枚で遮ることができる。ほとんどのβ線は紙は通過するものの、アルミ板で遮ることができる。一方、多くのγ線は紙もアルミ板も通過するが、分厚い鉛の板は通過できない。

なぜ放射線が危険なのか

放射能汚染が問題になるのは、放射線が人体に影響を及ぼしうるからである。人間が地球上で暮らすかぎり、放射線を回避することは現実的には不可能であるが、これについては後述するとして、放射線はどのようにして人体に影響するのか。もはや知られていることも多いものの、おさらいしておきたい。

生物への放射線の影響を研究する放射線生物学が発達したのは、不幸なことだが、原爆症の研究が大きなきっかけであった。人体に有害な物質による汚染といえば、日本の歴史においては、特に戦後、水俣病の原因となったメチル水銀、イタイイタイ病の原因となったカドミウムなどが知られているが、こうした汚染と、原発事故での汚染とは様相が異なることが分かっている。

水銀やカドミウムなど重金属による汚染では、有害物質が水に溶け、拡がった。それらが水ごと生物に取り込まれ蓄積されたところを、人間を含む食物連鎖の上位の生物が捕食することによってさらに蓄積が進み、健康に重大な影響を与えたのである。この影響は、重金属が生体に化学変化を起こすことによって起きたと考えられている。

放射能汚染の場合は事情が異なる。体の外から放射線を受けた場合も、また、放射性同位体を生体内に吸収して蓄積した場合も、放射線が、細胞の中にある遺伝子を物理的に損傷することが、健康へ甚大な悪影響を与える原因となる。

ただ、遺伝子はほかの原因によっても損傷を受ける。自然界における突然変異の確率は遺伝子あたり年間100万分の1と予想されているが、多くの放射線を受けることで、この突然変異の確率が上昇すると考えられている。

遺伝子に損傷を受けても私たちの健康がすぐには損なわれないのは、DNA自体に備わる修復機能があるからである。しかし修復は100パーセント成功するわけではない。細胞が再生するとき、同じ細胞を作りなおすための複写元であるDNAが変化すれば、同じものは作れない。修復がうまく行けば同じものが作られるが、うまく行かなかった場合、細胞が死んだり、変異を起こしてがん化したりする。

放射線により引き起こされる代表的ながんの例として白血病が挙げられることは周知のとおりであり、放射線による生体のがん化は、放射線の影響の最もよくイメージされている被害である。

放射能や放射線を測る単位についてはすぐ後で述べるが、放射線を100ミリシーベルト浴びると将来の発がん率が0.5パーセント上がるリスクがあるというのが、国際放射線防護委員会（ICRP）の見解である。

なお、100ミリシーベルトという被曝量で発がん率上昇が引き起こされるかどうかについては、あくまで「リスクがある」との推測にとどまり、科学的に実証されているわけではない。

この例は放射線が直接、遺伝子を損傷すると考えられる場合であるが、間接的な影響を及ぼす可能性もある。放射線は生体を通過するときに次第にエネルギーが低下していくが、エネルギーが十分低くなり、止まる直前にまで減衰した放射線は、周囲の分子やイオンと相互作用を起こす。

そのひとつが活性酸素の発生であり、これもDNAを損傷する場合がある。このように放射線は多様な経路で遺伝子に影響を及ぼしている。

ベクレルとシーベルト

原発事故直後にはよく知られていた、放射能にまつわる単位についておさらいしておこう。

ベクレル（Bq）とは、1秒間あたりに崩壊する原子の数である。原子が崩壊する過程で放射線が放出されるが、この放射線を出す能力が放射能であり、ベクレルとは「放射能の強さを表す単位」であるとも言える。

具体的には、仮に1キログラムの野菜があり、これがセシウム137によって汚染されたとすると、もし1秒間にセシウム137が100個崩壊していたら、1キログラムあたり100ベクレルの放射能がある、と表現する。

シーベルト（Sv）とは「実効線量」と呼ばれ、放射線が人体に与える影響を表すために考え出された。シーベルトはベクレルから算出されるが、算出するために放射線ごとの換算係数が定められている。実際には1千分の1の単位のミリシーベルト（mSv）もよく使われる。例えば、セシウム137で汚染された1千ベクレル／キログラムの野菜を100グラム食べた人が体に被る線量は、セシウム137の実効線量係数から0・0013ミリシーベルトとなる。

そして、放射線量は、発生源である放射性物質から離れるにつれて劇的に減少する。その減少のしかたは距離の2乗分の1となる。つまり、放射性物質から10センチ離れた場所Aの放射線量と、100センチ離れた場所Bの放射線量を比べると、Aより10倍離れた距離にあるBでの放射線量は、(10分の1ではなく)100分の1にまで低くなる。そのため、放射性物質から少しでも離れると、被曝量が大きく低減することになる。

自然放射線と人工放射線

原子力発電や原子爆弾のため、放射線というと人工的なもの(人工放射線)の印象が一般には強いが、実際には人工のものだけではなく天然の放射線(自然放射線)が存在する。しかもそれを私たちは毎日浴びており、避けることはできない。

自然放射線の分かりやすい例では、岩石などに含まれる天然の放射性物質によるものがある。これにより、インド、イラン、イタリアなどでは年間の放射線量が日本の数倍から数十倍に上るところがあり、日本国内でも地域によって差が見られるものの、ゼロという場所はない。地面からの放射線を大地放射線といい、1年間に0・78ミリシーベルト以上の地域から、0・11ミリシー

図版0-2　各地の自然放射線量

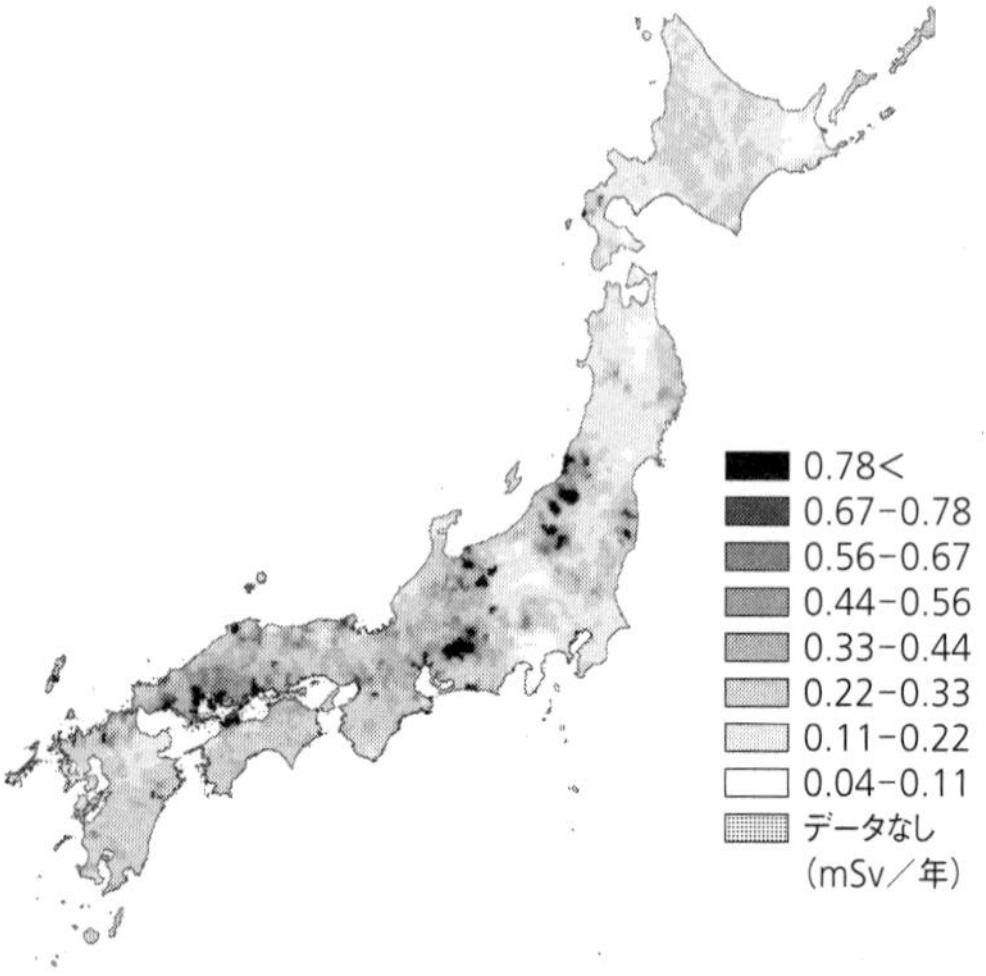

出典：日本地質学会HP・産業技術総合研究所地質情報基盤センター、地図作成：原清人氏

ベルト以下の地域まで存在するが、「原子放射線の影響に関する国連科学委員会」（UNSCEAR）の2008年の報告によれば、平均すると日本の大地放射線量は年間0・33ミリシーベルトである。その分布を図版0－2に示した。

大地からの放射線に加えて、日本では宇宙線により、平均すると大地からと同程度の年間0.3ミリシーベルトの放射線を、また、それより多い0・48ミリシーベルトをラドンなど空気中から受け取っている。

一方、日常的な食品からは、大地放射線よりも多量の、約1ミリシーベルトの放射線を体内に取り込んでいる。例えばカリウム40という放射性核種は地球が生成したときから存在する核種であり、私たちの身の回りに存在するどんな形態のカリウムであっても、その中に1万分の1の割合で含まれている。（安定同位体はカリウム39とカリウム41。）カリウムは窒素・リンと共に肥料の三大元素のひとつでもあり、全ての食品に含まれていることから、人間を含む地球上の生物の体内に広く存在しているが、このうち1万分の1のカリウムはγ線を発している。ヒューマンカウンターという機器で成人の人体が発する放射線を測ると、カリウム40の発する放射線が4千ベクレルほど検出される（図版0－3）。

図版0-3　人体中の放射性核種と食品中のカリウム40のおおよその放射能

放射性核種	放射能（標準体重の成人1人あたり）
カリウム40	4,000ベクレル
炭素14	2,500ベクレル
ルビジウム87	500ベクレル
鉛210・ポロニウム210	20ベクレル

食品名	放射能（ベクレル／kg）	食品名	放射能（ベクレル／kg）
干し昆布	2,000	魚	100
干し椎茸	700	牛乳	50
お茶	600	米	30
ドライミルク	200	食パン	30
生わかめ	200	ワイン	30
ホウレンソウ	200	ビール	10
牛肉	100	清酒	1

出典：放射性医学総合研究所資料、渡利一夫・稲葉次郎編『放射能と人体』研成社、1999年

この4千ベクレルの人体内放射能によって人体が被る実効線量は、係数を掛けて0・0248ミリシーベルトになる。

前述したように私たちは、大地放射線と大体同じくらいの量の放射線を、常に宇宙からも受け取っている。宇宙空間には高いエネルギーをもつ陽子線が宇宙線として飛び交っているが、これが地球に降り注いでくると、大気圏の上層の空気に含まれる窒素や酸素の核を破壊し、より小さ

な原子核を作り出す。例えば雨水に含まれる放射性核種、水素3（トリチウムという）や、二酸化炭素の一部を構成する放射性核種、炭素14などである。

人工放射線による被曝についても、日本人に関連する範囲で簡単に述べておこう。まず、唯一の被爆国の人間として、原子爆弾による多量の放射線被曝がある。また、1960年頃から始まった核実験によって世界中に飛散した放射性核種（グローバルフォールアウト）は、特に北大西洋と日本近海に多量に降ってきた。その際の放射性核種は、今でも日本各地の土壌で検出することができる。

また、現在日本人が高い線量を受ける例として、医療被曝がある。日本人が世界平均の数倍に及ぶ量の医療被曝をしていることは原発事故後に話題になった。医療被曝の内実は、いわゆるレントゲンやCTで使うX線や、PET（陽電子放出断層撮影）で投与される放射性物質によるものである。その一方、日本ほど放射線診断が進んでいる国はなく、その検査ががんの早期発見につながっていることを考えることも重要である。

なぜ土壌に着目するのか

本論に入る前に、なぜ放射能汚染を考える際に土壌に着目するのか、簡単にまとめておきたい。

福島の汚染において、農産物、畜産物、水産物、林産物などの様々な側面に共通している中核的要素が土壌である。私たちは土壌が育んだ植物や動物を食べて生きており、その植物は土壌から必要な栄養分を吸収して生きている。動物は、自分の体では作れないアミノ酸やタンパク質を、植物から摂取することで生きている。こうして見ると、土壌がもっている物質が、植物や動物を経て、私たち人間を支えていることが分かる。

また、土壌とは、物質循環の場として、私たちに身近なものである。例えば森林では、落ち葉や、種子ができた後に枯れた植物が、土壌の有機層となっていく。土壌の中に生息している微生物が、この有機層の分解を促進し、植物にとって吸収できる状態へと変換するのである。昆虫を含む動物も同様に、土壌を介した自然の循環系を構成している。

原発事故が引き起こした環境汚染は、重金属汚染のように、ある地点から、水に溶けるなどして徐々に拡がっていくというものではない。しかし私たちが汚染を怖がる理由は、目に見えないものが拡がり、知らない間に食べ物へと入ってきて健康を害するかもしれないと思うからである。原発事故による汚染は、確かに発電所から放出され、空気中を飛んで拡がりはしたものの、それが降下して、地上にあった全ての物体の上に、極めて広範囲にわたって付着した。どこか特定の場所から徐々に拡がってきたというわけではなく、いちどきに降ってきた放射性物質が、全てのものを広く汚染したという状態から始まったのである。

そのようなわけで、汚染の全体像を把握するためには、常に循環している自然において、その中心にあって私たちの食生活を支える土壌に着目するのが重要と考える。事故後、環境中の放射性物質は最終的に、土壌へ吸着した形で落ち着いた。汚染についての科学的認識を確かなものにし、また除染を続けていくうえでも土壌を考え直す必要がある。そのために、そもそも土壌とは何かということについても振り返っておきたい。

土壌はなぜ重要か

汚染の場として土壌に着目する際、最も基本的な事実は、食糧生産の場すなわち農地としての土壌とは、地球の表面にたった15センチから20センチほどしか存在しない、じつに貴重な資源だということである。その生成にも驚くほどの時間が必要で、厚さ1センチの土壌が形成されるまでには100年から200年の時間が必要といわれている。

岩石は、温度変化や、水ならびに化学物質によって長い年月をかけて風化し、土壌へと形を変える。土壌の中には空気層も含む様々な微細構造ができ、微生物や小動物の棲み処を提供する。1グラムの土壌中には平均して5千から1万種、100万から1千万という数の微生物が生息しているという。肥沃な畑ではさらに増え、1グラムあたり1億から10億という数の微生物がいるといわれる。微生物1体を人間1人にたとえれば、100グラムの土壌中に全世界の人間が含まれてしまうことになる。

農作物用の畑の土壌は、空気層、水、土壌そのものの、3つの要素に分けられる。作物を生育させるためには空気層が必要で、そこを水が埋めすぎると根腐れが起きてしまう。しかし、もともと湿地帯で生育していたイネは別で、水田という形での生育の方がむしろ向いている。日本人にとっての主食といわれるコメは、雨の多い日本の気候によく合った作物なのである。

植物は岩石の上では生育できず、土壌であれば根を伸ばして養分を吸収して育つことができる。養分の吸収には化学反応が介在し、この反応の場を土壌が提供している。植物が土壌から栄養を吸収する際、養分となる元素が土壌に吸着して吸いにくい場合は、根から酸を分泌し、土壌に含まれる栄養元素を吸いやすい形に変えることが知られている。

栄養を吸収する際、もうひとつ重要な土壌の機能が「イオン交換能」である。一般に土壌表面はマイナスに荷電、すなわち負の電荷を帯びている。水に溶けて流れてくるナトリウムイオンやカリウムイオンなど、プラスに荷電した陽イオンが土壌表面に付着できるのはこのためである。こうして、もともと土壌に付着していた陽イオンが、流れてきた陽イオンに取って代わられ、水に溶け出すことになる。この働きをイオン交換能という。これによって土壌に付着していた陽イオンが植物に吸収できる形になるのである。

こうした化学反応の様相は、水田では多少異なってくる。水田の土壌は水に覆われることで空気が遮断され、表面は酸素が少なくなっている。金属がイオン化するには豊富な酸素が必要なため、水田のような環境では金属がイオンとして水に溶け出しにくく、セシウムのような金属もほとんど動かなくなる。

土壌が汚染されたのなら土壌を使わない水耕栽培で農作物を育てればよいのではないかと考える人もいるかもしれないが、土壌の代替は不可能である。水耕栽培では常に養分が不足なく吸収しやすい形で与えられ、生長は速い。そのため葉や茎を食用とする野菜の場合は水耕栽培による「植物工場」の発展が期待されている。しかしイネやコムギなど穀物の場合は事情が異なる。水耕栽培では、生長は速くとも、次世代を残すという、エネルギーを必要とする種子生産の働きは、あまり活発にならない。穀物で食用とするのは種子であるため、収穫量の減少は看過できず、土壌の利用が最善となる。

また、病原菌が発生した場合、水中ではすぐに拡がってしまうが、土壌ではそうしたことはない。土壌では変化がすぐには全体へ拡がらず、変化の影響を局所的に封じ込めたり変化をやわらげたりして、環境の変化を緩和する働きがある。

農家にとって土壌とは、育てるものでもあり、その管理・維持には非常に長い時間と労力を要する。日本では雨が多いため土壌からカルシウムやマグネシウムが陽イオンとして溶け出して流失し、土壌が酸性になりがちであるため、これを中性に保つために各種の土壌改良剤を使う必要がある。また、同じ作物を作り続けていると徐々に生育が悪くなる連作障害が起きるため、消毒や、別の作物の栽培などが行われる。土壌を育て、維持していくことは、農業にとって非常に大切な技術を必要とする。

あるシンポジウムで、除染作業として表土を剝ぎ取る処分の費用が紹介されたとき、ある農業者がこう発言した。「これは除染をする側の試算だ」「農業の資本である土壌、特に土壌の表層を失うことは、農業という生産現場そのものを廃棄するに等しいのではないか」「農家としては、表土を剝ぎ取るよりも天地返しや混合する方を選びたい」。土壌を守りたいという、当事者からの切実な訴えに、会場は静まり返った。

大変な労力をかけた資源であり、全ての基盤となる役割を果たしている土壌を、汚染されたからといって単に集めて捨てるという解決策には、本来慎重であるべきだろう。

第一章
土壌の汚染と除染の方法――セシウムはどう固定されるか

一　土壌の汚染とは

フォールアウトのゆくえ

原発事故により飛散して降り注いだ放射性核種は均一ではなかった。中には放射能が高いものも低いものもあり、それぞれがばらばらに降ってきたのである。こうして降ってきた放射性核種（フォールアウト）は降下後どうなったか。

よく知られているように、それらは、事故当時空気中にさらされていたものの表面に付着した。事故が発生した2011年3月11日はまだ冬の終わりであり、農業県である福島県の農地では、そのほとんどにおいて農作物は生育しておらず、土壌表面が空気にさらされていた。

そのため農地で主に汚染された場所は土壌表面であった。そして、放射能に汚染された土壌では、誰がどのように測定しても、汚染は土壌表面の約5センチ以内に限られていた。しかも、降ってきた放射性物質の吸着は時間と共に強固になり、いつまでも表土に留まることになった。

そこで、放射性セシウムがどのように分布しているかについて、土壌や、事故当時生育しはじめた葉について調べたところ、フォールアウトは均一ではなく、表面に点状に分布していた。つまり、不均一に飛んできたフォールアウトが、それぞれ最初に触れた所に、ばらばらに離れて付着していたのである。

図版1-1にはその一例として、2011年5月に採取したコムギと、すぐ近くの土壌に降ってきた放射性物質の像を示した。黒く点状に見られるのが、葉や土壌に付着した放射性セシウムの像である。コムギは2カ月ほど経って刈り取ったものなので、事故当初に空気中に拡がるまで生育していた右の2枚の葉はすでに枯れ始めているが、2カ月経っても放射性セシウムは最初に付着した葉に留まっていた。そして、その後に生育してきた葉には放射性セシウムはほとんど見られなかった。

つまり、降ってきた放射性物質は最初に付着したところから動かず、また、植物は土壌に降ってきた放射性物質を根から吸収して葉に運ぶことはほとんどなかったということである。これが、降ってきた放射性物質が〝接着剤の付いた花粉〟にたとえられる所以である。図版からは、放射性物質が均一というより点々と散って、スポット状に付着していることが分かる。試しにこれらを湯と硝酸で洗ったが、5パーセントも溶出できなかった。

図版1-1　植物と土壌に付着した放射性セシウム

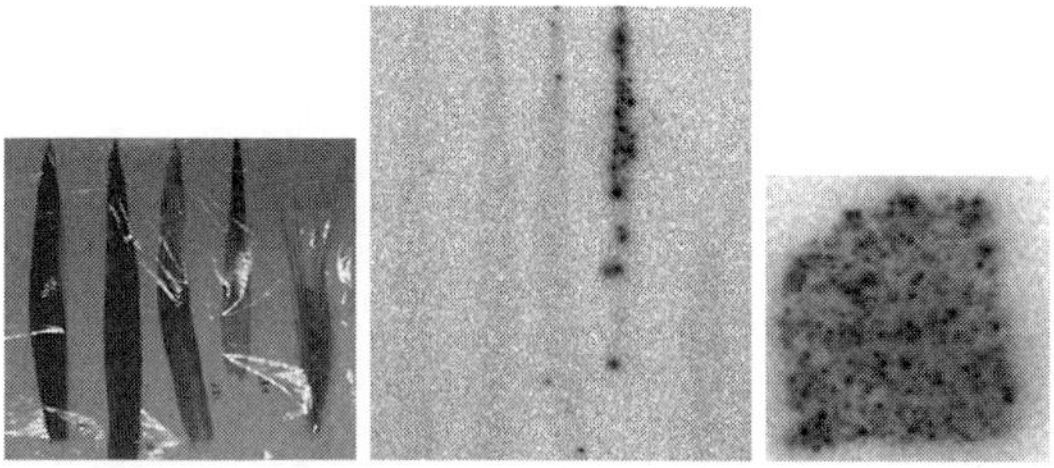

コムギの葉（左。郡山で採取）と、そこへ降下した放射性セシウムの像（中）、土壌に付着した放射性セシウムの像（提供：田野井慶太朗氏）

図版1-2　鳥の羽に付着した放射性セシウム

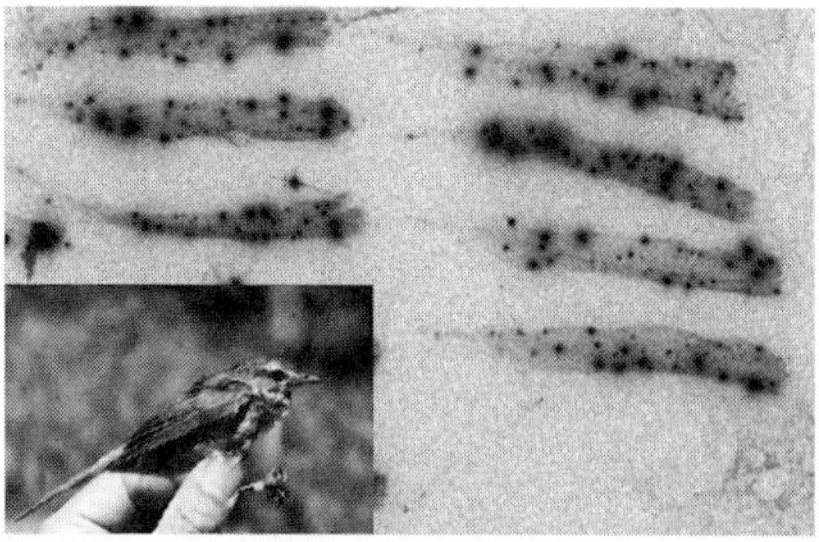

捕獲したウグイス（左）とその尾羽についた放射性セシウムの像（提供：石田健氏）

同じような結果は、事故当時に飛んでいたと推定されるウグイスの羽にも見られる。図版1－2は事故後に捕獲したウグイスの尾羽の像である。ウグイスのオスは初春に巣作りのために縄張りを作り、よくさえずる。縄張りの範囲は比較的小さく、直径200メートルほどである。原発事故地点から約30キロ離れた地点（福島県浪江町赤宇木地区）で採取したこのウグイスは、縄張りを作るためその中で飛びまわり、さえずっていた。さえずりの声を流したところ、別のオスが来たと思い、攻撃しようと飛んできたところを、許可を得て利用したカスミ網で捕獲し、尾羽を1枚抜いてその羽に付着した放射性物質について調べてみたのである。

羽を洗浄しても放射性核種は減少しなかった。非常に強固に羽に付着していたのである。このウグイスは羽を抜いた後に放したものの、その後どうなったか気になっていたが、次の年、同じ場所で捕獲した別のウグイスの羽には、放射性核種は検出されなかった。この写真のウグイスとは違う個体であるものの、ウグイスの羽は年を経て生え替わったと思われ、この結果を知った関係者は皆ほっとしたところであった。

降ってきた放射性核種には色々な種類があったものの、半減期が長い、つまりなかなか崩壊せず10年経っても放射能汚染を引き起こしている核種のほとんどは、半減期が30年のセシウム137である。当初は、同じセシウムでも半減期が2年のセシウム134も測定されていたが、現在ではほとんど検出されない。

では、その放射性セシウムは、もともと土壌に含まれるセシウムと同じ挙動を示すのだろうか。まず最初に、この課題についての調査結果を紹介したい。

安定同位体セシウムと放射性セシウム

降ってきた放射性物質は均一に汚染を引き起こしたのではないことから、同じ1枚の圃場《ほじょう》（畑）の中でも土壌の放射性セシウムの量は大きくばらついていた。郡山市にある福島県農業総合センターの圃場でも、場所によりその差は7、8倍にもなった。どのようなところで放射性セシウムの量が多くなるのかには、降ってきたフォールアウトの量や、地形のありようが関与すると思われるものの、土壌の汚染状況により、その場所で育つ作物中の放射性セシウム濃度も異なってくるに違いない。

よって、圃場の中でどのように放射性セシウムが分布し、将来どのように汚染が収束していくかについては、従来から土壌に存在している安定なセシウムと比較することにより予測が可能かもしれない――このような考えに基づき、飯舘村の農家の圃場を借りて、安定同位体セシウムと放射性セシウムについての調査研究が進められた。

私たちの身の回りの土壌中には天然のセシウム、つまり、放射性ではなく、安定なセシウム同位体であるセシウム133が、平均して約3ppm（1ppmは100万分の1）存在すると見積もられている。そこでまず、安定同位体のセシウムと、フォールアウトとして降ってきて付着した放射性セシウムの、土壌中の分布の違いを調べてみた。30メートル×3.6メートルの広さの農地を、1.5メートル

図版1-3　圃場での調査方法

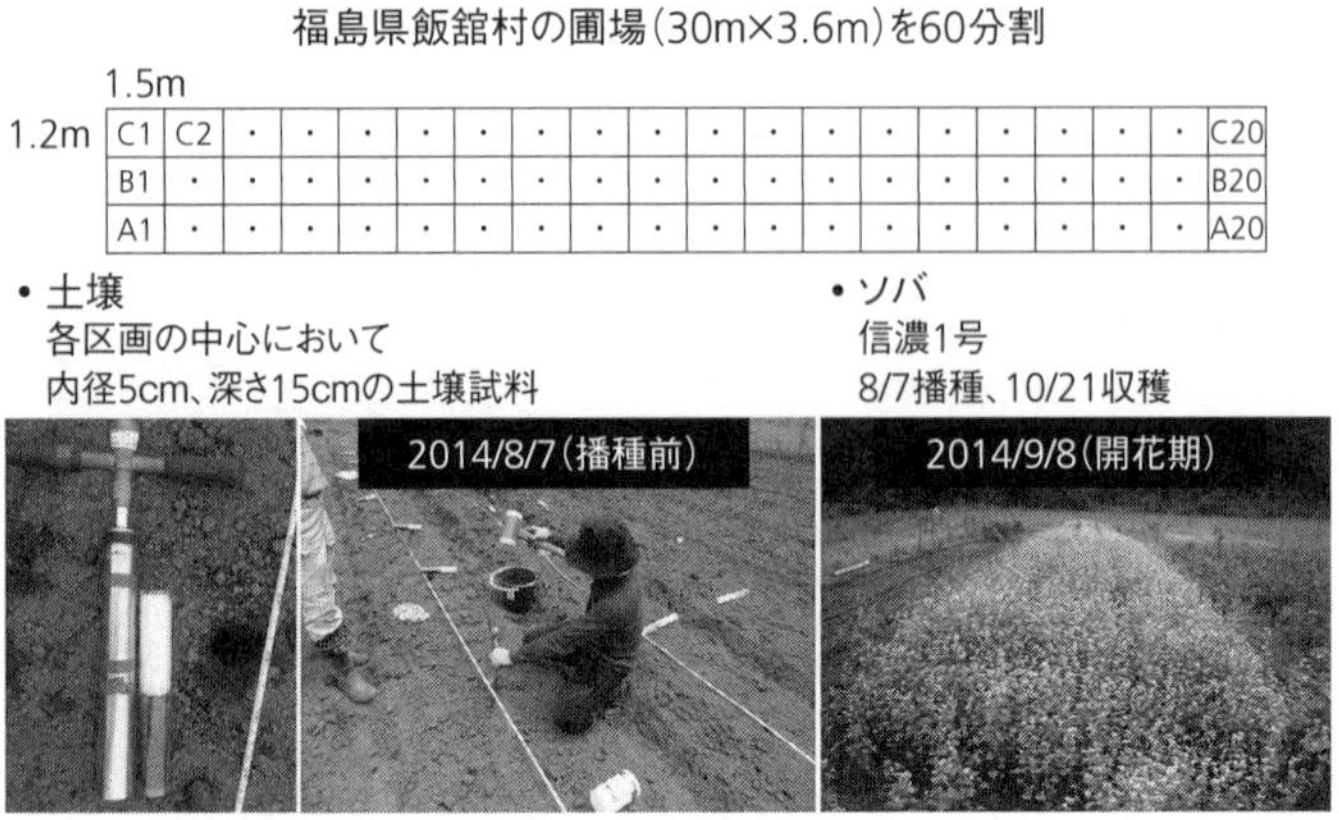

図版1-4　放射性セシウムと安定同位体セシウムの分布

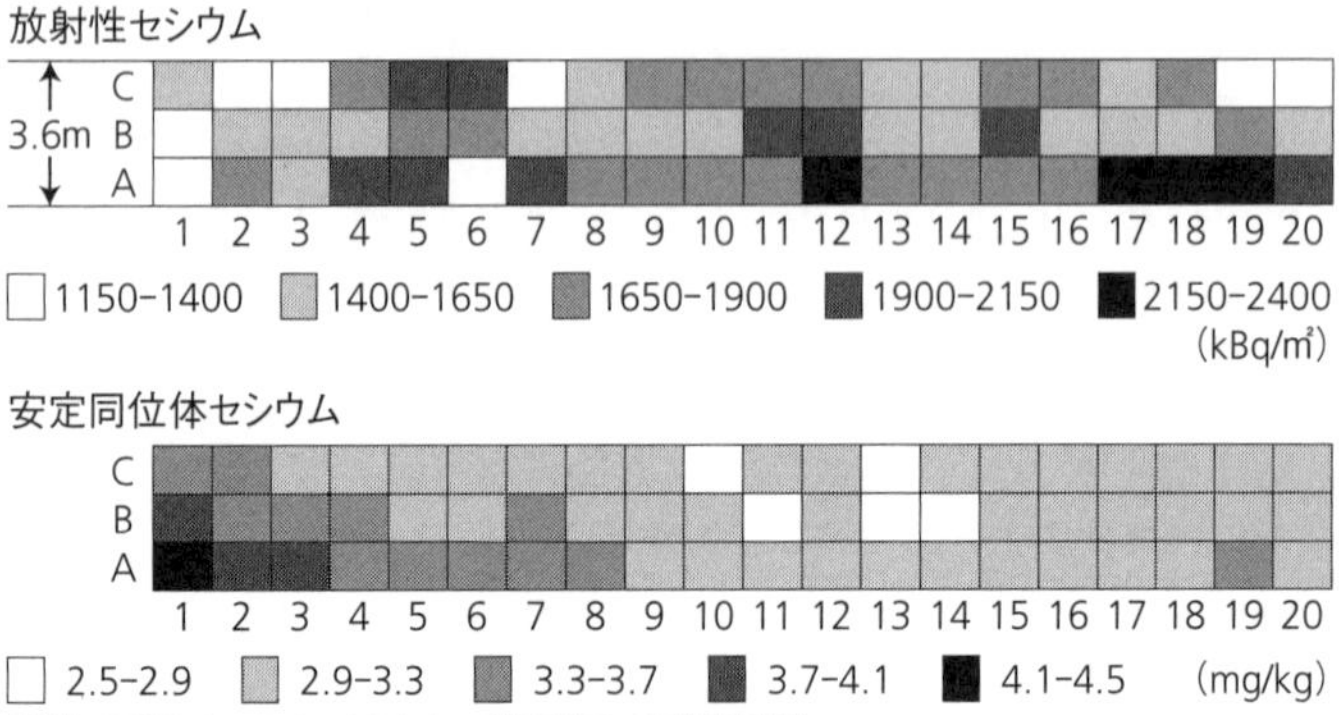

(提供:図版1-3、1-4、1-5とも二瓶直登氏・森美穂子氏)

×1.2メートルの60の小区域に分け、それぞれの区域における放射性セシウム濃度と安定セシウム濃度を測定した（図版1－3）。

その結果、安定同位体のセシウム133と放射性であるセシウムの分布は全く異なるという結果が得られた（図版1－4）。放射性セシウムの濃度分布はかなり広範囲に分散していたものの、元から土壌に存在している安定同位体セシウムは場所による濃度差はあまり見られず、図版の左下に少し高い地点があったものの、全体ではほとんど均一に分布していることが分かった。

土壌中のセシウムには、土壌への吸着が強いものと弱いものがある。酢酸アンモニウム溶液で抽出されるものが、「弱く吸着している」ものであり、このセシウムは「交換性セシウム」と呼ばれ、植物が吸収しやすい形態であるといわれている。

そこで、両セシウムを吸着した土壌を、酢酸アンモニウムと混合してみた。すると、少量であるが弱く結合したセシウムを抽出することができた。さらに、各小区域の土壌から抽出された交換性セシウムの分布についても調べてみた。その結果、興味深いことに、両方の交換性セシウムの分布は非常によく一致していることが分かった（図版1－5上2図）。このことから、交換性セシウムは、放射性でも安定同位体でも同じ化学的挙動を示すだけではなく、交換性セシウムが吸着したところは土壌中の性質が同じような場所ではないかと予想された。

そこで、この圃場でソバを生育させ、ソバの放射性セシウムの吸収量の分布についても調べて

図版1-5　交換性のセシウムの分布の様子（上2図）と、ここで育てたソバの子実中の放射性セシウム濃度（下図）

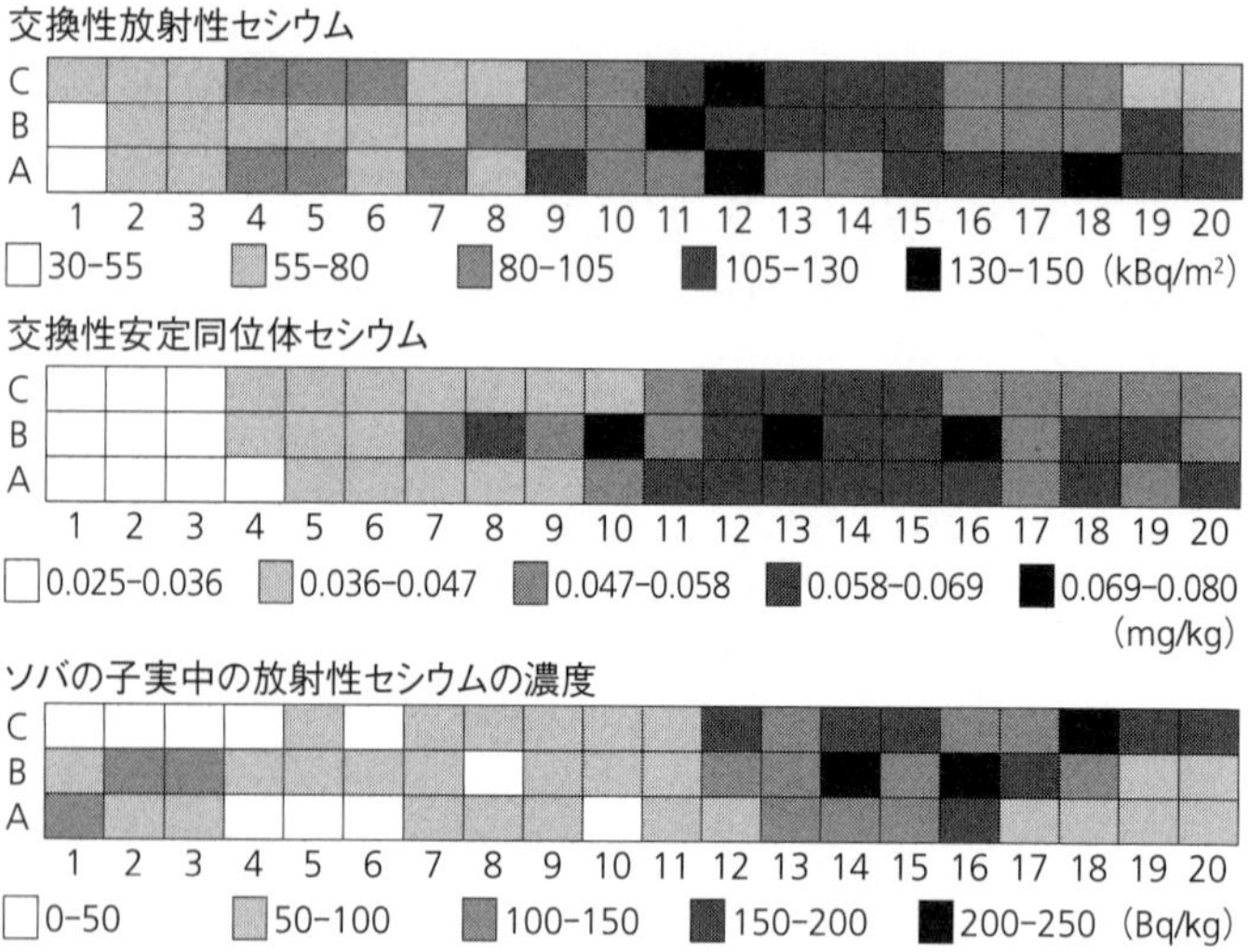

みた。土壌中に交換性セシウムが多いところに育つソバは、セシウムの吸収量が多いと予想されるからである。

生育したソバは、小区域ごとに調べると、草丈、地上部の乾燥重量、収量などには大きなばらつきがあったものの、放射性セシウムの濃度は圃場の右半分で育ったソバが高かった。そしてソバの子実《しじつ》（種子）中の放射性セシウム濃度も、圃場の右側の方が高かったのである（図版1－5下図）。

消費者にとって最も関心がある子実中の放射性セシウム濃度の分布について、ほかの元素も含めてどのような関係があるかを調べてみた。測定したのは、セシウム全体の濃度、交換性のセシウム、カリウム、マグネシウム、カルシウム濃度であり、それらの土壌中の濃度との相関をとった。

その結果、子実中の放射性セシウム濃度は、土壌中の交換性セシウム濃度と最も相関が高いことが示された。このことは、ソバが土壌から吸収していた放射性セシウムは、弱い結合をしている交換性セシウムであることを示すものであった。

ところで、交換性セシウムの動きは、植物体内では、安定同位体であるセシウム133と、放射性同位体セシウム137とでは異なるのだろうか。

調べてみると、植物体各組織で両セシウムの比はほとんど同じであり、植物体内の放射性セシウムと安定セシウムは同じように動いていることが分かった。

一方、土壌中のセシウムがどのくらいソバに吸収されるかを示す「移行係数」は、放射性セシウムの方が安定セシウムよりも約3倍高かった。これは、土壌からの交換性セシウムの抽出率が、放射性セシウムの方が安定なセシウムより3.5倍も高かったことに関係するのではないかと考えられる。

次に、交換性セシウムが土壌中のどのようなところに分布しているかについて調べてみた。

放射性セシウムは、土壌中の粘土鉱物（カオリナイトなど粘土を主に構成している鉱物）や有機物（フミン酸やフルボ酸など）に吸着することが知られている。そして後述するように、セシウムと粘土鉱物の結合は強いことが分かっていた。また、この圃場はよく手入れされていたので、

図版1-6　土壌中の炭素濃度とセシウム分布との関係

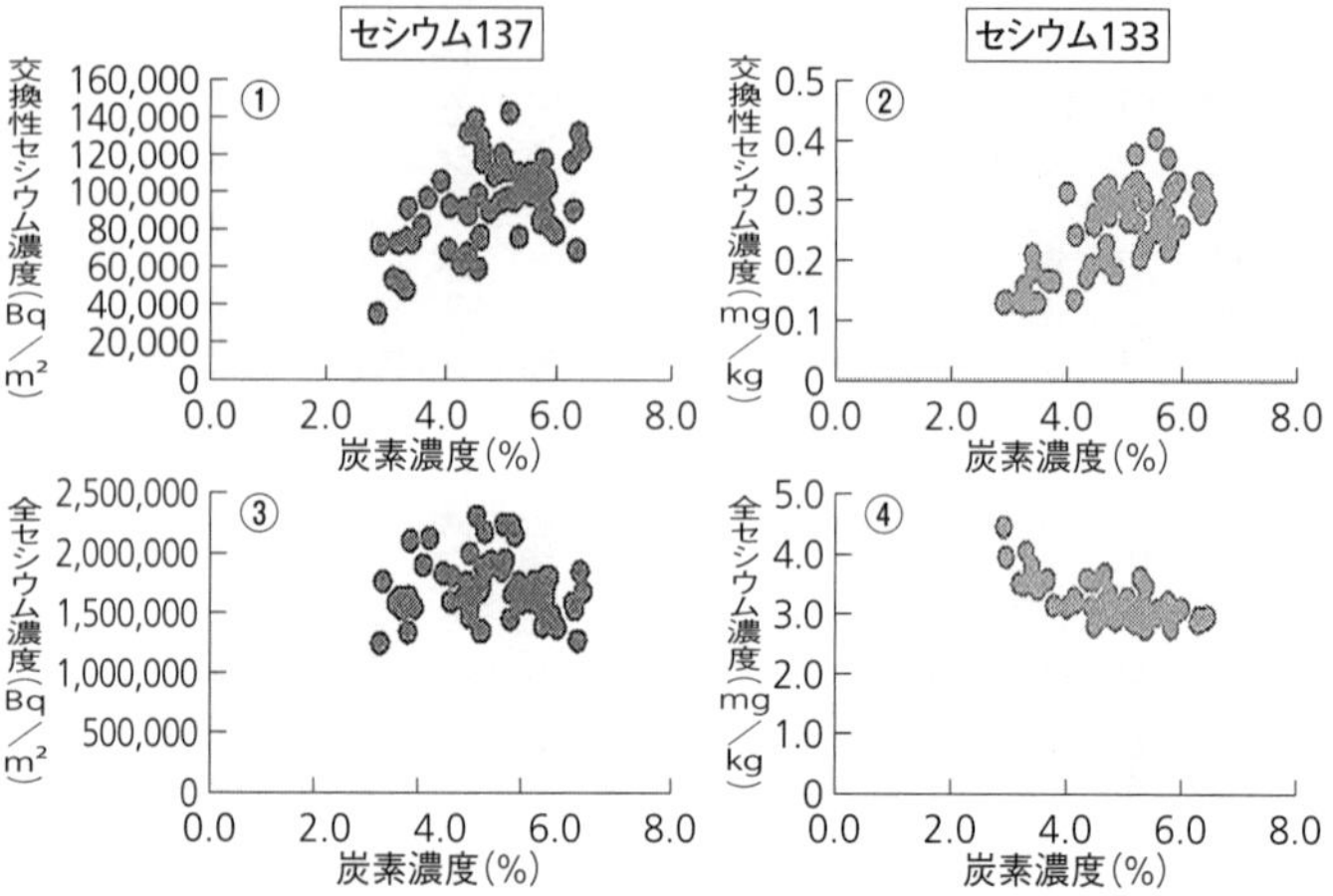

①交換性セシウム137（Bq/m²）　②交換性セシウム133（mg/kg）
③全セシウム137（Bq/m²）　④全セシウム133（ミmg/kg）

土壌中の炭素濃度と、交換性セシウム（①と②）の濃度は相関が認められるが、全セシウム（③と④）の濃度は相関が認められなかった（提供：二瓶直登氏・森美穂子氏）

土壌中の粘土鉱物はかなり均一に混合されていると予想された。そこで、各小区域について、有機物含量の指標となる土壌中の炭素濃度を測定してみた。

その結果、炭素濃度が高いところと交換性セシウムの濃度が高いところが一致したのである（図版1－6）。しかし、交換性でないほとんどのセシウムについては、炭素量とは無関係に土壌に存在していることが示された。交換性の放射性セシウムは、有機物の存在するところに存在し、その結合は弱いことが分かった。

以上のことを踏まえると、土壌に降ってきた放射性セシウムはこれからどのように動いていくと考えられるだろうか。

この項の冒頭にも紹介したように、土

壌に含まれる安定なセシウム、セシウム133の濃度は1キログラムあたり数ミリグラムであり、それに対して放射性セシウム、セシウム137の量は、もしも5千ベクレル／キログラムだとすると、約10^{-6}ミリグラム／キログラム（0・000001ミリグラム／キログラム）となり、その存在量は安定なセシウムの100万分の1であり、極めて少ない。これだけ少量の放射性セシウムが多量のセシウムと同じように動かないとしても、次第に分布のばらつきは小さくなるに違いない。抽出される交換性セシウム分布のばらつきについて調べると、放射性セシウムも安定セシウムも、圃場中におけるばらつきはほぼ同じであった。

ところが、全セシウム分布のばらつきは、安定セシウムのばらつきの方が、放射性セシウムのばらつきよりも小さいことが分かった。つまり、弱い結合のセシウムは同じように動いているものの、強く固定されたセシウムの分布が異なるということである。

このことから、土壌への放射性セシウムの固定は強くなる方向にあると予想される。そして、放射性セシウム全体の分布は、長い年月をかけて次第に安定セシウムの全体の分布に近い形態になるのではないかと考えられる。

土壌中の放射性セシウムの動き

垂直方向へはどう動いたか

では、土壌に付着した放射性セシウムは、どのくらいの速さで、下の方（深度方向、垂直方向）に動いているのだろうか。それを知るためには、まず土壌中の深度方向に沿った放射性セシウムの分布を求める必要がある。

塩澤らは独自に、一定の幅の横方向からの放射線だけを測定できる窓付きカウンターを製作した。そして、土壌に埋め込んだパイプの中で、この窓付きカウンターをゆっくりと、土壌表面から下方向へ移動させた。そして測定された放射性セシウムの深度方向の分布を求め、その分布が時間と共にどのように変化するかを調べてみた。

まず、土壌中の放射性セシウムは、そのほとんどが地表から約5センチ以内の深さのところに分布していることが分かった（図版1－7）。そして、定期的にこの土壌中の放射性セシウムの分布を調べていると、放射性セシウムは事故後2、3カ月の間は予想外に速く地下へと移動することが分かってきた。

移動距離の算出方法であるが、これはまず放射性セシウムの深度方向の分布カーブからその重心を求め、次に測定される分布カーブの重心との差を求めた。この重心の差が、その間に放射性セシウムが動いた距離となる。

事故から2カ月強が過ぎた5月の下旬、土壌中の放射性セシウムが動いた距離から速さを求めた。そしてその間に降った雨水の浸透する速さと比較すると、セシウムの動きの速度は水分子の動きの速度の10分の1に相当するものであった。

ここで、雨水が土壌に浸透する速さは一般にどのように求められるのかを説明したい。

図版1-7　放射性セシウムの深度方向への分布と移動速度

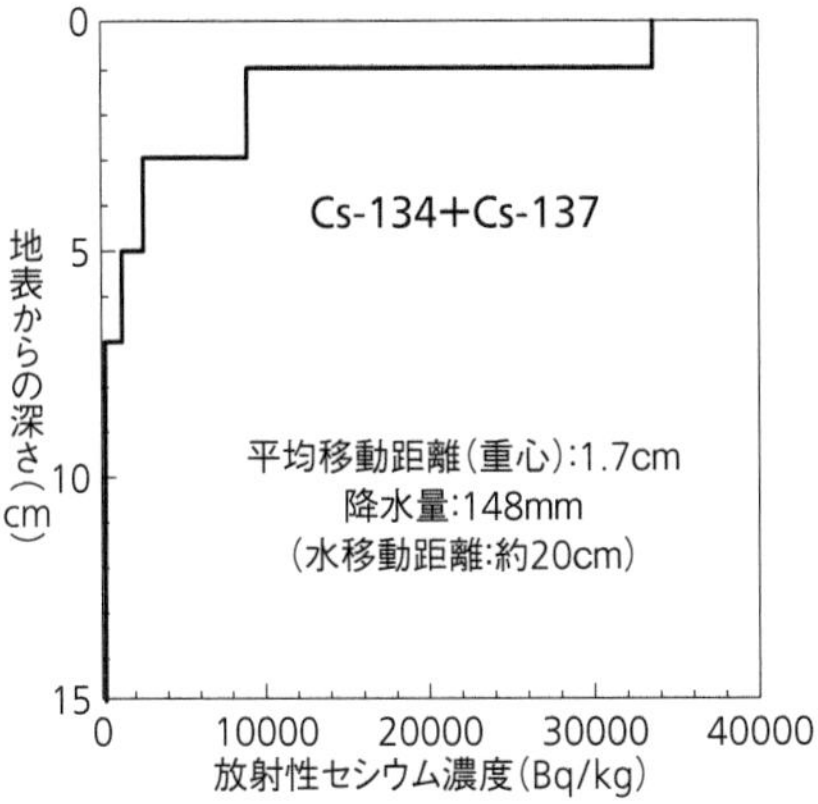

地表からの深さを縦軸にとり、放射性のセシウム134とセシウム137の濃度の合計を横軸にとった。郡山市の灰色低地土の不耕起水田で2011年5月24日に調査(提供:塩澤昌氏)

まず土壌に浸透する水の量であるが、降水量から蒸発する量を差し引いて残りの水量が動くと考える。そして、この動く水量を、土壌が保持できる水の量(土壌の含水量)で割ったものが、浸透する水の量となる。もしも年間1600ミリの降水量の場所で蒸発量は約600ミリと見積もると、その差1千ミリが動く水量であり、それを土壌の含水量である、約0.5で割った値、すなわち2千ミリほどが実際に浸透している量と見積もられる。つまり、この場合、水分子の土壌中の移動速度は年に約2千ミリとなる。これは言い換えると、地表面から2メートル下に存在する水は1年前に降った雨の水ということになる。

そこでセシウムについて考えると、土壌には、そこに含まれる水に溶解したセシウム濃度の約1千倍の濃度まで固定できると報告されているため、セシウムの移動速度は水の移動速度より1千倍ほど遅くなり、水が年間2千ミリ移動するとすれば、セシウムは年間2ミリほどしか動かないと予想される。そこで再度図版1－7を見ると、降ってきた放射性セシウムは表土に留まっていると考えられるものの、放射性セシウムの移動距離をグラフの重心を求めて計算すると、事故から2カ月後の水田ですでに1.7センチ下方に動いている。もしも水の移動速度より1千倍遅いとすると、この間の降雨量から考えて水の移動距離は約20センチで、これに対して放射性セシウムの移動距離が水の1千分の1にあたる0・02センチであるはずのところ、実際は1.7センチとなる。どの地域でも表層から5センチ以内に放射性セシウムが比較的多く存在しているということは、今や周知のことではあるものの、当初は、放射性セシウムは予想外に速く移動したとも考えられる。

その後、継続して3年半ほど測定を続けたところ、当初の数カ月間は2、3センチ下方に動くが、その後は動きが緩慢になったことが分かった（図版1－8）。そして、場所により差はあるものの、年間数ミリの速度で下方へ移動していることも明らかになった。その速さは雨水の水分子

図版1-8　時間の経過に伴う土壌中の放射性セシウムの移動量

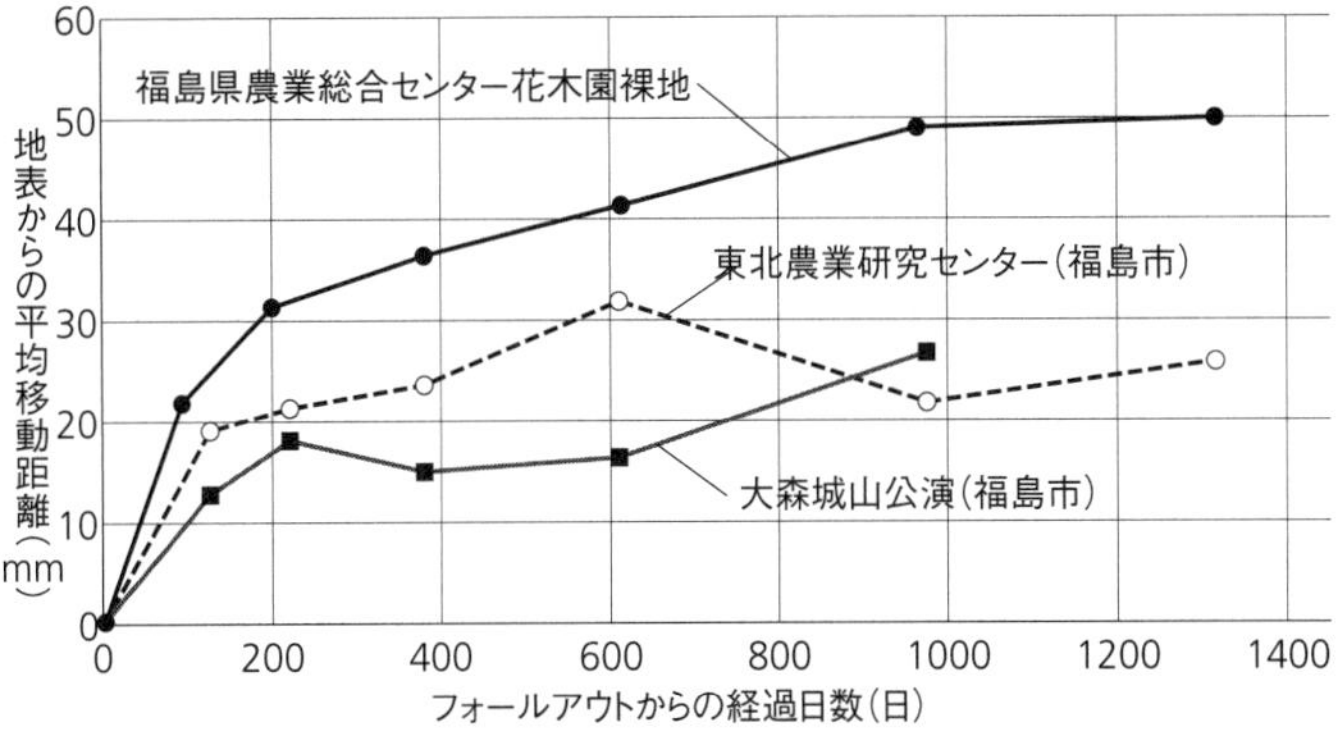

移動の速度はフォールアウトから2、3カ月間は水分子の速度の20分の1から10分の1であったが、その後は1千分の1から500分の1の速度（年間数ミリ）に低下した（提供：塩澤昌氏）

の速度の1千分の1から500分の1に相当し、時間と共に、放射性セシウムの土壌への強い固定が進行したことを示したものであった。

水平方向へはどう動いたか

一方、放射性セシウムは縦の深度方向のみに動いたわけではない。表土に沿って横方向（水平方向）にも動いたに違いないと考えた塩澤らは、土壌の地形に沿った放射性セシウムの動きを調べてみた。場所は郡山市の福島県農業総合センターの花木園である。その農地には畝《うね》が作られているため、地表には高いところと低いところが存在する。そこで、放射性セシウムの移動が、畝に沿ってどのように変化するかを調べてみた。

図版1－9に示す測定結果は、事故翌年の11月とその次の年の11月に調べた、畝に直交する測線上

図版1-9　農地の畝に直交する線上の放射性セシウム濃度の分布

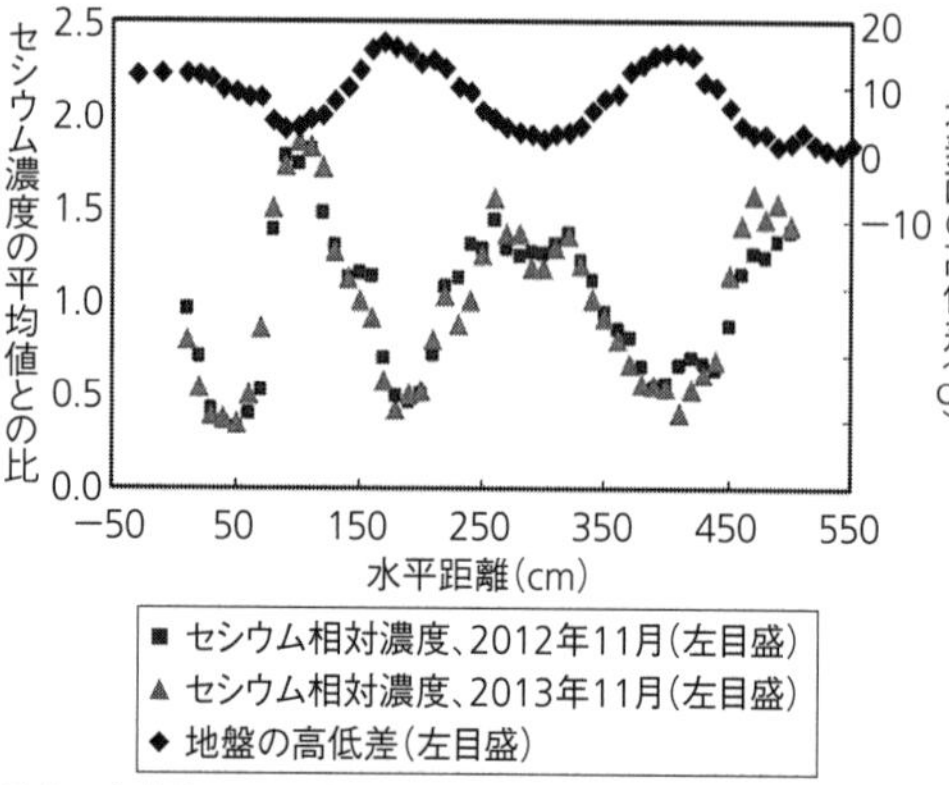

地表の高低差を示すプロットはそのまま畝の形状を示している。相対濃度の比は1年を経ても変化が見られない(提供:塩澤昌氏)

の、放射性セシウムの相対濃度である。地盤の高低差は10センチほどしかなかったものの、放射性セシウム濃度は地表面が高いところでは低く、地表面が低いところでは高くなり、地上の形態と放射性セシウムの分布様式は対称的な形となっていた。つまり、フォールアウトで降ってきた放射性セシウムは、当初は水に溶解した形態だったので、水と共に高いところから低いところへと動いたということである。

しかし事故後2年半以上経った2回目の測定でも、1回目と比較して、地表に沿った濃度分布に変化が見られなかった。これは、降ってきた放射性セシウムが土壌に固定され、ほとんどが動かなくなったためであると考えられる。

放射性セシウムの動きのまとめ

放射性セシウムは、フォールアウトで降ってきた直後に、まず、動きやすい水溶性の放射性セシウムが、水に溶解した形態で地表面を流れ、その後地下に浸透していったと考えられる。調べてみると事故直後は降水量が少なく、地表面を水が流れていなかったものの、2、3カ月の間に郡山市では1日20―30ミリの降水量があり、水が地面、特に高い場所から低い場所へと流れたと考えられる。農業総合センターの花木園裸地では土壌中の放射性セシウムは20センチほど下方へ動いている。しかも畝の低いところは放射性セシウムが水と共に動いたので、その地点の土壌では、放射性セシウム濃度がより高くなったではないかと考えられる。

そして続く6―9月と次3カ月間には、降水量がその前の3―6月の3倍以上に増加したものの、放射性セシウムの深さ方向への移動距離は5ミリと、著しく減っていることが分かった。前述したように、事故直後は放射性セシウムはあまり土壌に固定されず、イオンとして水と共に動いたと考えられる。このような、水に溶解した放射性セシウムは、植物に吸収されやすい形態だったにもかかわらず、冬の終わりの時期で畑に育つ植物があまりなかったため、作物での高い汚染はそれほど起こらなかった。その後放射性セシウムは土壌に強く固定され、一度固定されたら土壌から離れなくなり、植物にはほとんど吸収されなくなったと考えられた。

しかし事故直後数カ月間の放射性セシウムの動きは分かっていない。そこで次に、福島の土壌を用いたその検証実験を紹介しよう。

事故直後の動きの検証

事故直後の放射性セシウムの動きを調べるため、汚染米が報告された2カ所の水田土壌を用いて検証実験が行われた。

コメについては福島県が毎年約1千万袋の玄米すべての放射能を測定しており、2015年産以降、基準値を超える汚染米は1袋たりとも検出されていない。それゆえ、ここで報告された汚染米は極めて稀なケースであるため、まず、これらが特殊な例であることを十分認識してから以下の実験結果について理解していただきたい。

汚染米が報告されたところの1カ所は伊達市で事故翌年の2012年に生産された玄米であるが、もう1カ所は南相馬市で、しかも2013年、事故後2年も経って生産された玄米である。そこで、この汚染米を産出した土壌、特に2年も経過して汚染米を生産した水田土壌には特別な理由があるはずだと考えられた。

放射性セシウムは、土壌に弱く固定される場合と強く固定される場合がある。もしそこで育った作物が放射性セシウムをほかより多く吸収したとすれば、そこには弱く固定されたセシウムが多かったのではないかと思われた。この固定度の異なるセシウムを区別するために次のような手順を考えた。セシウムを土壌から溶出させる際、水ではあまり効果がないため、酢酸アンモニウム溶液が利用されていて、この溶液で溶出してくるセシウムは弱い固定であることが科学的に認められている。そこで、汚染米が生産された地点の土壌と、（比較対照群として）典型的な福島県の土壌である、郡山市の福島県農業総合センターの水田土壌を試料として、実験が行われた。

まず、それぞれの土壌にさらに放射性セシウムを加え、汚染土壌（10万ベクレル／キログラムの乾燥土壌）を調製した。これは、汚染土壌の放射線量（500―3千ベクレル／キログラムの乾燥土）が低いために、このままではうまく測定できないからである。この土壌を人工気象室に置き、温度を一定に保ちながら、2週間に1度ずつ、蒸発した分の水を加えながら静置し、242日間にわたって定期的に、汚染させた土壌の一部を取り出して酢酸アンモニウム溶液と混合し、抽出されてくる放射性セシウム量を測定した。

最初に含まれていた土壌中の全放射性セシウムに対する、抽出される放射性セシウムの割合は、全ての土壌において当初は高かったものの、日数が経過するにつれて少なくなり、特に50日を経過してからは減少割合が非常に低くなった（図版1―10）。対照群とした郡山の水田土壌では、抽出されてくる放射性セシウムの割合は非常に早い段階で減少し、土壌への放射性セシウムの強い固定が迅速に起きたことが示された。次に、伊達市の土壌から抽出される放射性セシウムの割合が低くなり、その次が南相馬の土壌となった。

この順番は、汚染米が産出された時期の遅れた順と一致することから、酢酸アンモニウムで溶出された放射性セシウムは弱く土壌に固定されていただけでなく、植物がよく吸収できる形態だったと考えられた。汚染させた土壌が含んでいた放射性セシウムの、半分の量が土壌に固定されて動かなくなる日数を推定したところ、郡山で採取した水田土壌では120日、伊達市からの水田土壌では250日、南相馬市からの水田土壌では1200日と長く見積もられた。この時間の差が、事故後2年が経過した時点でも放射性セシウムのかなりの部分が土壌と固く結合していなかったことを裏づけるのではないだろうか。そしてその弱く結合していた放射性セシウムがイネに吸収されることとなり、汚染米を生産することになったのではないかと考えられる。ただ、土壌を汚染させてからの50日以内の初期の段階の、放射性セシウムの量が半分に減少する日数は非常に短く、郡山市で18日であったが、ほかの2地点も早かったものの同様な値であり、郡山市の約2倍の日数となった（図版1-10）。

図版1-10　弱く固定された放射性セシウムの抽出量の変化

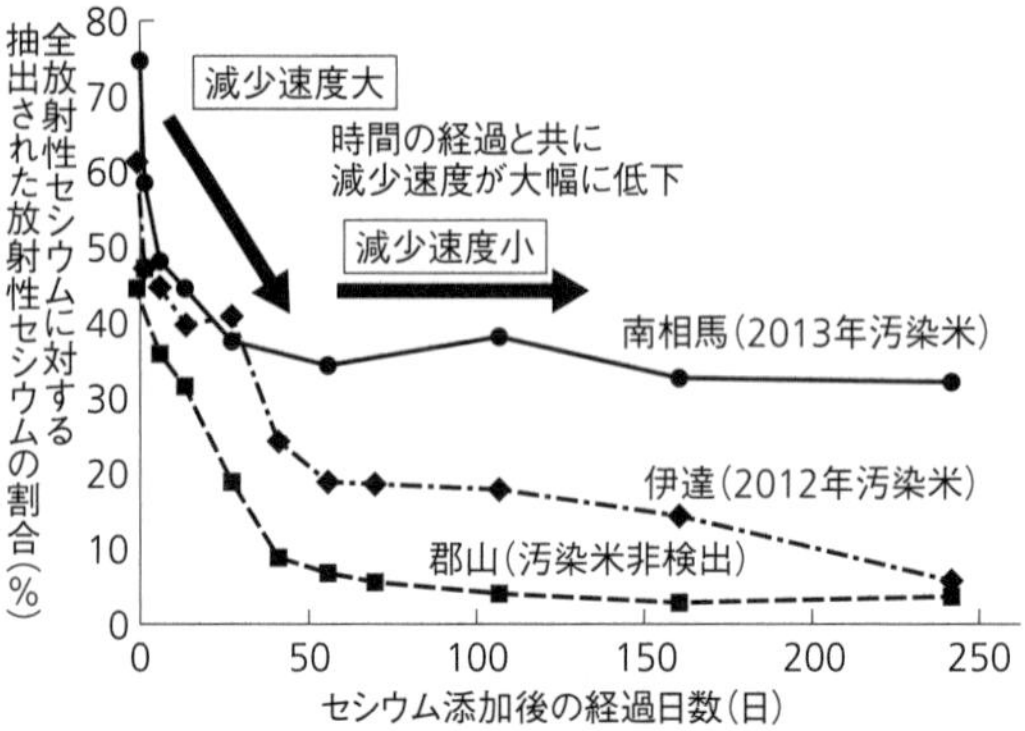

強く固定されないうちに抽出されるセシウムが多いと割合は高くなる。時間と共に抽出割合が下がったのは、セシウムが強く固定され始めたことを示し、50日以後に抽出割合が一定になったのは、放射線セシウムが土壌にほぼ強く固定したことを示す（提供：塩澤昌氏）

以上の結果をまとめると、放射性セシウムは土壌に添加されると1―2.5カ月ほどは速く動き

（放射性セシウムの量が半分に減少する日数は9—43日）、それ以降は35分の1から5分の1の速度にまで低下した（半減期は18—1200日）。そしてその進行速度は土壌によって異なり、汚染米検出土壌では著しく遅かったことが分かった。

郡山市、伊達市、南相馬市からの土壌について、理化学的性質も調べてみた。すると、遅くなって汚染米を産出した南相馬市の土壌は、放射性セシウムを強く固定する場所の量を示す指標であるＲＩＰ（radiocesium interception potential：放射性セシウム捕捉可能性）がやや低かったものの、固定割合を10倍も変えるほどではなかった。そのほか、南相馬市の土壌の粘土質含量はやや低く、また有機物含量がやや高かったことも分かった。これらの結果から、事故後の放射性セシウムの土壌への固定が、かなり遅くなった土壌が存在することが示唆された。

しかし毎年産出される玄米の全袋調査において２０１５年産以降1袋も検出されていないことを考え合わせても、今回実験対象とした、これらの汚染米を産出した土壌は極めて特殊な例であることを再度確認していただきたい。

ホウレンソウへの移行係数から

次に、土壌に弱く固定された放射性セシウムの量が少なくなるにつれて、作物が根から吸収する放射性セシウムの量が変化するかどうかが検討課題となった。すなわち、酢酸アンモニウムで抽出される放射性セシウム濃度が、土壌から作物へ移行する、「可給性」の放射性セシウムの量の指標となるかどうかということである。

検討のための作物としてホウレンソウに着目した。理由として、当初、福島県の農林水産物の放射能モニタリングデータで、汚染されたホウレンソウの検出データ数が非常に多かったことが挙げられる。またホウレンソウは生育期間が1—1.5カ月と短く、収穫時期と放射性セシウムの吸収時期が近いことから、その時点での放射性セシウムの土壌から作物への移行係数を測定しやすいと判断されたからである。なお移行係数は、「ホウレンソウの放射性セシウム濃度（ベクレル／キログラム新鮮重量）／農地中の放射性セシウム濃度（ベクレル／キログラム乾燥土重量）」によって算出する。

土壌からホウレンソウへの放射性セシウムの移行係数については、福島県農林水産物モニタリングデータを活用することにより推測ができる。事故後2、3カ月の間は汚染度の高いホウレンソウが多く検出され、移行係数を算出することができたものの、3カ月ほど経過するとほとんどのホウレンソウの放射線量が検出限界値未満となり、算出できなくなった。そこで、放射線量が検出されたホウレンソウの値だけを用いて、土壌からホウレンソウへの放射性セシウムの移行係数を求めた。なお、農地中の放射性セシウム濃度は、農林水産省からの農地モニタリングデータを用いた。

ホウレンソウのモニタリング結果は図版1－11上図に示される。事故直後の非常に高い濃度の移行については、この放射性セシウムは根から吸収されたものではなく、葉へフォールアウトが直接付着した結果と考えられた。そこで4月末以降の放射能が検出できるデータを抜き出して移行係数の減少速度を求めるグラフにすると、図版1－11下図のようになった。図版に示されるように移行係数とフォールアウトからの経過日数の間には、負の直線的な関係が示された。そこで、モニタリング結果からも放射性セシウムの土壌への固定が強いものとなる速度を推定することが可能となり、移行係数が半分となる日数は約15日と見積もられた。

このモニタリングから得られた結果を検証するため、再び南相馬市の水田土壌を用いてホウレンソウの栽培実験を行った。土壌だけを調べた実験と同様に、採

図1-11　土壌中からホウレンソウへの移行係数の変化

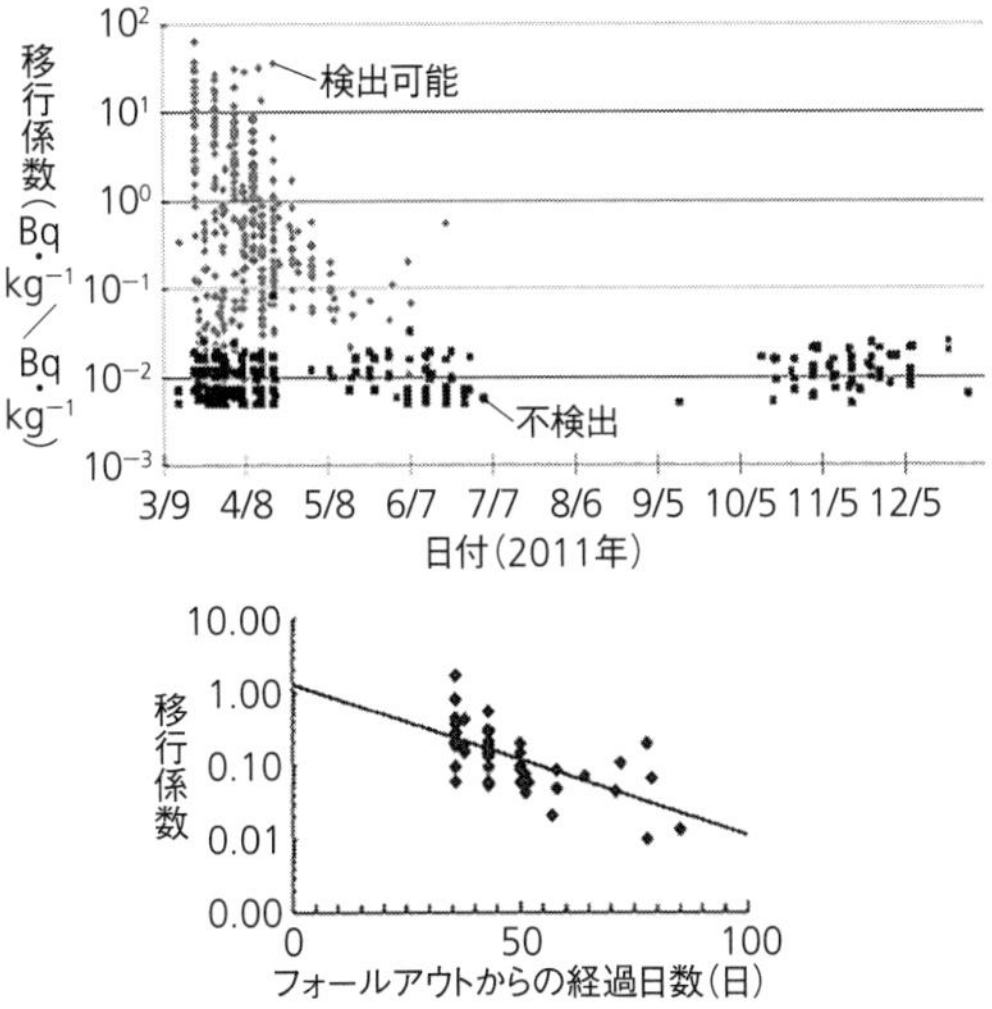

初期の超高濃度移行は葉への直接のフォールアウトが原因。3、4カ月の間に移行係数が大きく減少した（提供：塩澤昌氏）

取した土壌に放射性セシウムを添加し（10万ベクレル／キログラム乾燥土重量）、汚染土壌を調製した。土壌を再汚染させたのち、ホウレンソウを少しずつ時期をずらして植え、栽培を行った。各ホウレンソウは60日間生育させた後、吸収した放射性セシウムの濃度を測定し、土壌からホウレンソウへの移行係数を求めてその経時変化を調べた。ホウレンソウの収穫は土壌を汚染させてから約8カ月間続いた。

その結果、ホウレンソウ中に含まれる放射性セシウム濃度は、収穫する時期が遅くなればなるほど低くなり、それに伴って、土壌からホウレンソウへの移行係数が減少していった。その移行係数が半分に減少する日数は約80日となった。そしてこの土壌において、ホウレンソウへの移行係数と、土壌から酢酸アンモニウムで抽出して得られる放射性セシウムの割合の関係を調べたところ、高い相関が見られた。つまり、土壌に弱く結合している放射性セシウムの割合を調べることで、植物へ取り込まれうる可給性セシウムの量の見当がつくことが示されたのである。

グローバルフォールアウトから分かる土壌の動き

かつて、1960年代を中心に核実験が行われ、世界中にグローバルフォールアウトとして放射性物質が降った時代がある。その際、北半球の2カ所、太西洋の北側と日本の東側に、非常に高い濃度の放射性物質の降下地域があったことが報告されている。なかでも日本の東側の海洋に降ってきた放射性セシウム量は最大で、1970年に1平方メートルあたり4千―9千ベクレルという量であり、2008年には同1700―3800ベクレルと見積もられている。その結果として、土壌中の放射性セシウム濃度は東日本の方が西日本よりも高い。

核実験などによりグローバルフォールアウトとして日本全国に降下した放射性セシウム量の最大値は、2011年の福島原発事故当時よりも1オーダー低い、つまり10分の1以下ではあるものの、その後100分の1まで下がるのに、ゆうに20年を要した。その後、1986年のチェルノブイリ原発事故時、一時的にフォールアウト量は1960年代に降り注いだ放射性セシウムの量に近くなったものの、数年で少量となり2010年に至っていた。

1960年代から日本に降り注いだこの放射性セシウムは、セシウム137の半減期が30年と長いことから、少量ではあるものの今でも全国の土壌から検出することができる。

例えば福山泰治郎らによる、ヒノキ林のグローバルフォールアウトを測定した2001年の報告がある。当時すでに、グローバルフォールアウトで土壌に降ってきた放射性セシウムは表層に蓄積し固定されて動かないことが分かっていたため、動かない放射性セシウムをトレーサーとして利用すれば土壌の動きが分かると予想されたのである。つまり、ほぼ均一に降ってきたと考えられている放射性セシウム濃度が地形により異なる場合には、その表土が侵食され動いたと推定されるからである。そのため耕作地ではなく、土壌表面が長年攪乱されていない森林土壌が着目

図1-12　森林土壌のグローバルフォールアウトの分布

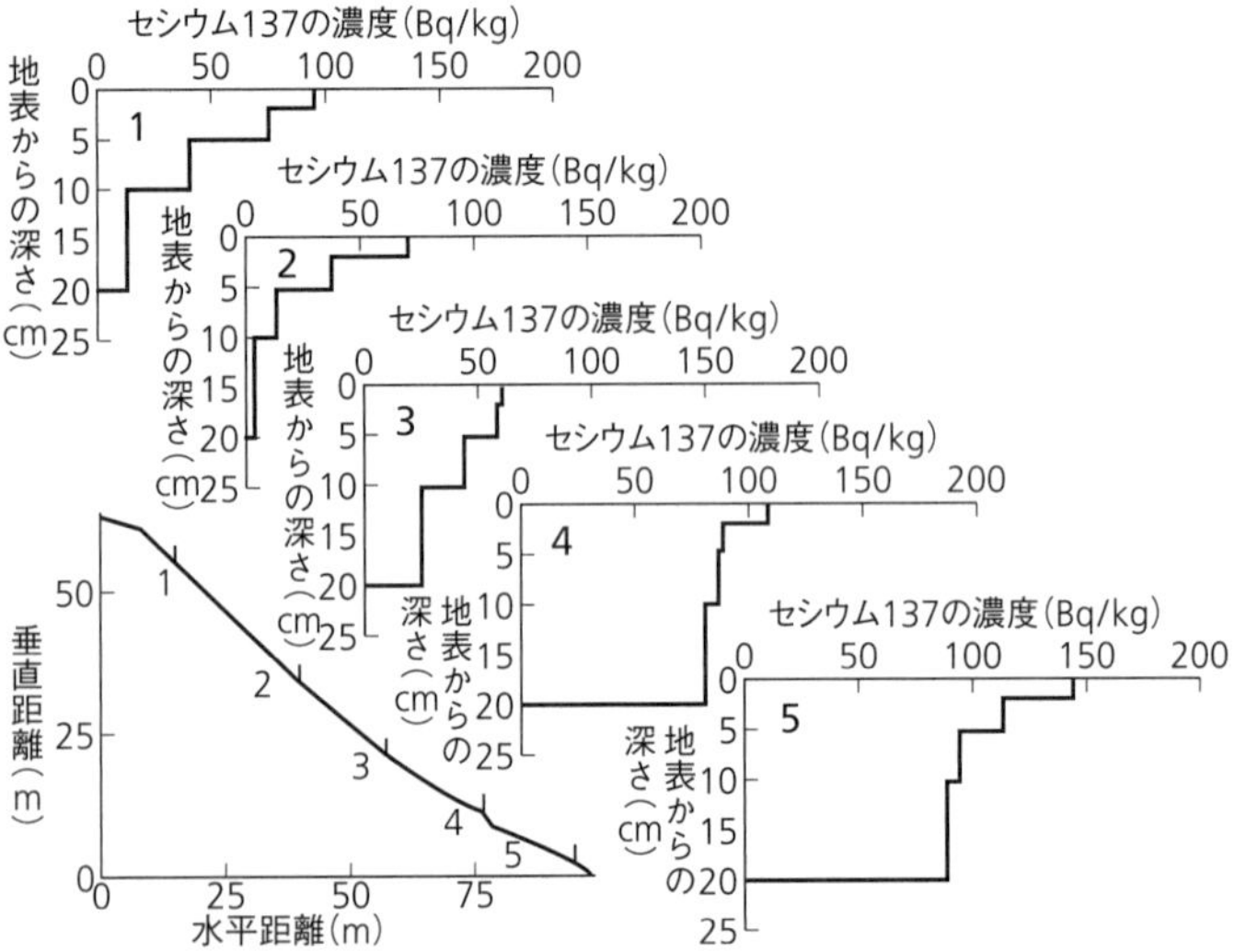

1-5は斜面の上部から下部まで順番に振られた番号。斜面下部へ行くほどセシウム137の濃度が上がっている。三重県のヒノキ林で測定（福山泰治郎ら、2001年、https://www.jstage.jst.go.jp/article/sabo1973/54/1/54_1_4/_pdf/-char/ja）

された。

土壌調査は三重県の私有地であるヒノキ林で行われた。グローバルフォールアウトにより日本全国の森林は汚染されたが、数十年経過した後の放射性セシウムは検出できてもわずかな量であるため、測定には非常に長い時間がかかり大変な作業であった。ヒノキ林の傾斜した地形において地盤の高さが異なる数地点から土壌を採取し、その中に含まれる放射性セシウムの量が測定された（図版1－12）。

まず、放射性セシウムは表層に最も多いことが分かる。そして地盤の高さが低くなるに従い、土壌中の放射性セシウム濃度が高くなり、深いところまで移動して蓄積されていた。これは表層の土壌が斜面下方に移動し堆積したことによると考えられる。

なお、福山らは、グローバルフォールアウトによる土壌中の放射性セシウムの調査を、地質や降雨量が異なる高知県、東京都、三重県の3カ所の異なる種類の樹林においても行っている。そこでも同様に放射性セシウムをトレーサーとして用い、表土がどのような状態で動き流出しているかを調べた。

その結果分かったのは、林床の被覆率（森林の地面が下層植生や落葉などで覆われた比率）が高く、土壌の小さい粒子であるシルトや粘土質の含有率が高いところほど、表土は流出していないということであった。この要因は、降雨の強度や樹種の違いよりも大きく作用した。放射性セシウムが土壌の微細な粘土鉱物によく固定されていたことは、今回の調査結果と同じである。

また表土流出は水の流れに伴って起こるため、土壌粒子間の隙間である土壌孔隙《こうげき》が目詰まりを起こすと、雨水の土壌浸透が阻害されて表土が流出しやすくなる。しかし、土壌表面を植生や落葉で被覆されている樹林では、これらの被覆により表面流が留まることになる。その結果、その場所の水分量が増加し、目詰まりを起こした土壌でも土壌内部への水の浸透が促されることになる。このように林床の被覆は、表土流出を防ぐ効果もある。なお、被覆率で対象とする下層植生とは高さ80センチ以内の植物と落葉層を指し、樹林の樹種により異なる。

事故以前の放射性セシウムの移動

1960年代から降ってきたグローバルフォールアウト由来の放射性セシウムが、どのくらい地下へ移動しているかを調べるため、三浦らは、福島の第一原発事故によるフォールアウトの影響がほとんどないと見積もられる地点の土壌について、放射性セシウム濃度を測定した。

国立研究開発法人森林研究・整備機構森林総合研究所（森林総研）では、森林資源のモニタリング調査の一環として、日本全国の森林の大規模な調査を行っている。1999年から全国1万5700地点で5年ごとに地上部の調査を行っており、2006年からはその地点を5分の1に絞って、森林土壌の炭素量の調査を実施していた。そしてその調査では、全ての地点における土壌試料の採取が、ちょうど福島原発事故が起こる前年に終わったところであった。

そこで採取された土壌中に含まれる放射性セシウムに福島原発由来のものはなく、全てがかつてのグローバルフォールアウト由来であると考えられる。しかもこの各地点における土壌調査では、30センチの深さの土壌を3段階に分けて採取している。その中の試料から、日本海に面した数地点で採取された土壌について、放射性セシウムの測定が行われた。

各地点からの土壌について、放射性セシウムの深度方向への分布の中心は、誤差が大きかったものの、土壌表面よりおよそ8.8センチ下方という結果が得られた。福島で採取した土壌での分布の中心は大体3.6センチであることから、その差約5センチが、放射性セシウムが50年かけて動いた距離だと考えられた。

この、放射性セシウムが年間に数ミリほど下方に動いていたという測定結果は、塩澤らの結果と合致していた。放射性セシウムの動きは非常に遅く、またこの結果は、私たちが行った、チェルノブイリでの事故を調査しているウクライナの農業放射線学研究所（UIAR）での聞き取り調査結果とほぼ一致していた。土壌そのものに大きな違いがあり、福島では有機物濃度の低い風化花崗岩《かこうがん》、ウクライナでは有機物濃度が高い泥炭《でいたん》であるが、放射性セシウムの動く速度が同様であることは興味深い。

放射性セシウムの結合のしかた

では、放射性セシウムは、土壌鉱物のどこに、どのように結合しているのだろうか。

事故直後の調査で、放射性セシウムが非常に細かい粘土鉱物に強く結合していることは、土壌の放射線画像から示されたものの、鉱物の内部構造については分かっていなかった。土壌粒子中に含まれる放射性セシウムの量は20 ppb（ppbはppmの1千分の1の濃度）ほどであり、現在の最先端の分析装置でもとても測定できない極微量であるため、放射線が出ているかどうかを調べて初めて、その粒子に放射性セシウムが含まれているかを知ることができる。放射線を頼りに調べるしかないということである。

そこで小暮らは、実際に福島で放射性セシウムを固定している数十マイクロメートル（100万分の1メートル）レベルの多くの土壌粒子を用いてそれらの放射線の測定を行った。その結果、特に風化黒雲母《くろうんも》（weathered biotite）と呼ばれる放射線の量が高い鉱物が見つかった。事故現場近くの浜通りの土壌は、そのほとんどが中生代（約2億5千万年前―6500万年前）にできた阿武隈《あぶくま》花崗岩でできている。花崗岩といっても、「御影石《みかげいし》」として知られるような、黒、白、半透明の3種類の鉱物がきちんと結晶化して見られるものではない。この地域の花崗岩は、地表に出て風雨にさらされ、かなり時間が経っているので、現状では砂のようになっている。それでも花崗岩の中には膨大な量の黒雲母が含まれており、その黒雲母が、放射性セシウムと吸着していたのである。

そこで、風化黒雲母が本当にほかの鉱物と比較して放射性セシウムをしっかり固定しているのかどうかを実験的に調べてみた。というのも、原発事故後にどのような鉱物に放射性セシウムが固定されるかという報告はあったが、いずれにおいても、特に風化黒雲母が放射性セシウムをよく固定するという実験データは報告されていなかったからである。このような実験結果をもたらした原因は、使用した放射性セシウムの濃度が高かったことではないかと考え、事故後に降った雨水中の放射性セシウム濃度と同レベルの放射性セシウム溶液を使用することにした。事故後の

図1-13　粘土鉱物ごとの放射性セシウムの吸着の違い

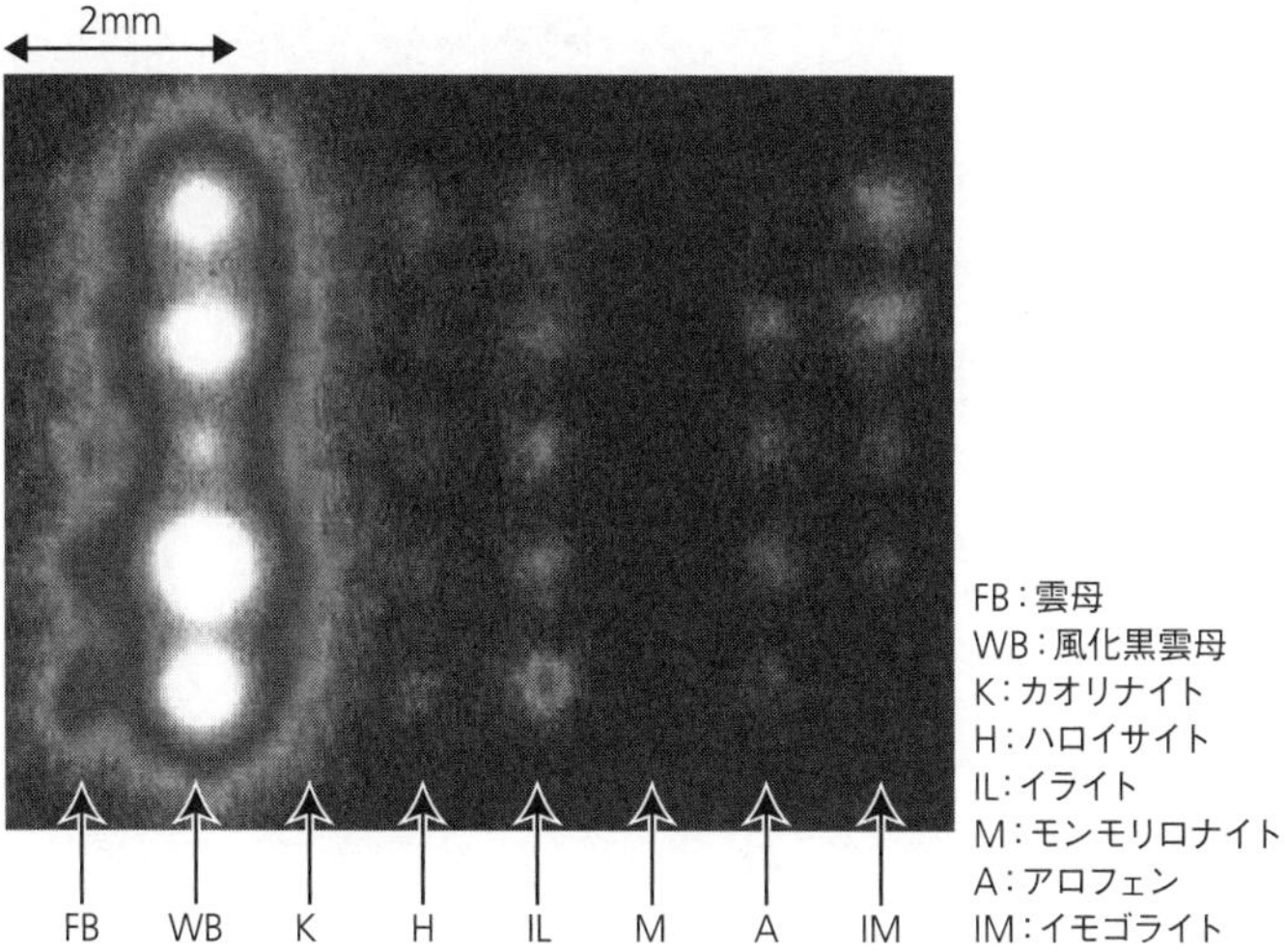

風化黒雲母に集中して吸着している（提供：小暮敏博氏）

雨水中の放射性セシウム濃度を推測したところ約30 ppt（pptとはppbの千分の1、ppmの100万分の1の濃度）となったので、この、数十pptという非常に希薄な放射性セシウム濃度の溶液を用いて実験を行ってみた。

まず、風化黒雲母、カオリナイト、モンモリロナイトなどの小さな土壌鉱物に放射性セシウムがどのくらい吸着されるかについて、希薄な放射性セシウム溶液を使って調べてみた。その結果、放射性セシウムは風化した黒雲母に特異的に吸着することが分かった。そして風化黒雲母からの放射性セシウムの溶脱率は、ほかの鉱物からはほとんど溶脱してしまうような酸などの溶液で処理しても、低いままであった。しかも、黒雲母への吸着は時間と共に強くなり、か

図1-14　風化黒雲母のイメージング解析から見る放射性セシウムの分布

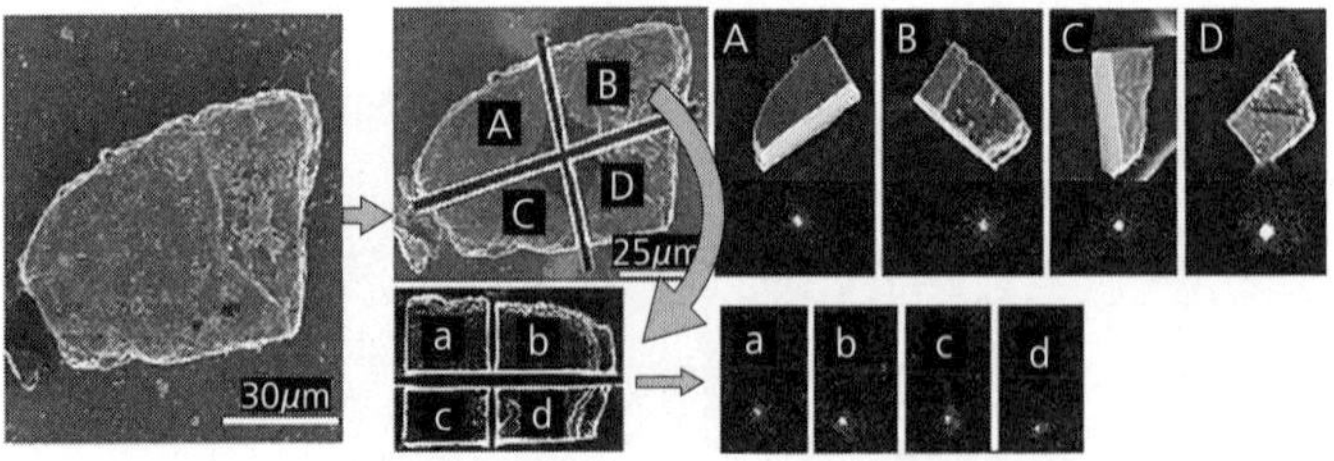

細かく分割しても一様にセシウムは分布していた（提供：小暮敏博氏）

つ、長時間吸着されることが示された（図版1－13）。

小暮らは次に、風化黒雲母の中のどこにセシウムが固定されているかを調べた。雲母は層状の珪《けい》酸《さん》塩《えん》鉱物であり、層の間にはカリウムや水酸化マグネシウムなどが含まれている。この層状構造には端に層がほつれてできたフレイドエッジと呼ばれるところがあり、そこにセシウムが入り込んでいると長年、説明されてきたが、本当に放射性セシウムが層構造の端に存在しているかどうかを調べてみた。

放射性セシウムを固定した数十マイクロメートルという小さな風化黒雲母鉱物を、収束イオンビーム（focused ion beam：FIB）で、外側から皮を剥くように小さくしていき、残った鉱物に含まれる放射性セシウム量を調べた。鉱物が小さくなるにつれ、その体積に比例して放射性セシウム量は少なくなった。そして鉱物をどのように小さくしていっても、含まれる放射性セシウム量は少なくなるものの、その濃度は変わらなかった。

このように、実際の分析結果から、鉱物内の放射性セシウムの分布は一様だったことが分かったのである。このことは、前述したように、放射性セシウムはイオン半径が大きいため、風化により小さな層状構造体の外側にできた、いわば大きな口のように開いたフレイドエッジと呼ばれる場所に結合するとしてきた説明が、間違っていたことを示したのである。

図版1－14に、イメージング解析による放射性セシウムの一様な分布を紹介する。まず、この風化黒雲母を4つに分け、さらにその1つの片を4つに分けて、元の鉱物を16分の1の細片に切り出した。そしてこれらの細片に含まれる放射性セシウムの量を、イメージングプレート（放射線を二次元の画像として高感度に検知するもの）を用いて可視化させ求めた。その結果、この鉱物の細片に含まれる放射性セシウムの量はほとんど変わらないことが示された。つまり鉱物中に均一に放射性セシウムが取り込まれていたのである。

実際に放射性セシウムが入り込む層の間の場所については、セシウムのイオン半径の大きさから、セシウムのイオン半径よりも小さいカリウムと、セシウムのイオン半径よりも大きい水酸化マグネシウムの間に安定な場所があり、そこに固定されているのではないかと考えられる。

電子顕微鏡で黒雲母を見ると、実際にイオンが入り込み、層間の距離が離れたところを見ることができる。そのような構造を見ることができる電子顕微鏡の視野は30ナノメートル（ナノメートルは10億分の1メートル）四方ほどとなる。その中で10ナノメートル四方を取り出し、深さ方向も10ナノメートルのサイコロ状の立体を考えると、その中に1つ放射性セシウム原子があると濃度が1ppmとなる。

しかし実際に固定されたセシウム原子の数は、一辺がこの100倍の立体の中に数十個あるという非常に低い値であった。このことから、いかに放射線計測の感度が高いかが感じ取れるだろう。

セシウムの溶存態と懸濁態

土壌鉱物、特に風化黒雲母への放射性セシウムの吸着が強いことが分かったものの、土壌中に腐食物のような有機物が多いと、放射性セシウムの粘土鉱物への結合が妨げられる。では、放射性セシウムの化学形態（イオンや何らかの化合物との結合のしかた）はどのようなものだろうか。

セシウムはナトリウムやカリウムと同じアルカリ金属であり、カチオン（陽イオン）「Cs^{+}」として水溶液に存在する。このイオンの形態のセシウムは「溶存態《ようぞんたい》セシウム」と呼ばれる。一方、鉱物や有機物に吸着した放射性セシウムは「懸濁態《けんだくたい》セシウム」と呼ばれている。

溶存態セシウムとは溶液中に溶解したセシウムがイオンの形態なので分かりやすいが、懸濁態と呼ばれる粘土鉱物などに吸着したセシウムの化学形態はどのようにすれば測定できるのだろうか。その測定はX線を利用することで可能となる。特に近年、兵庫県の播磨科学公園都市にある、

図版1-15　セシウムと酸素との距離の違い

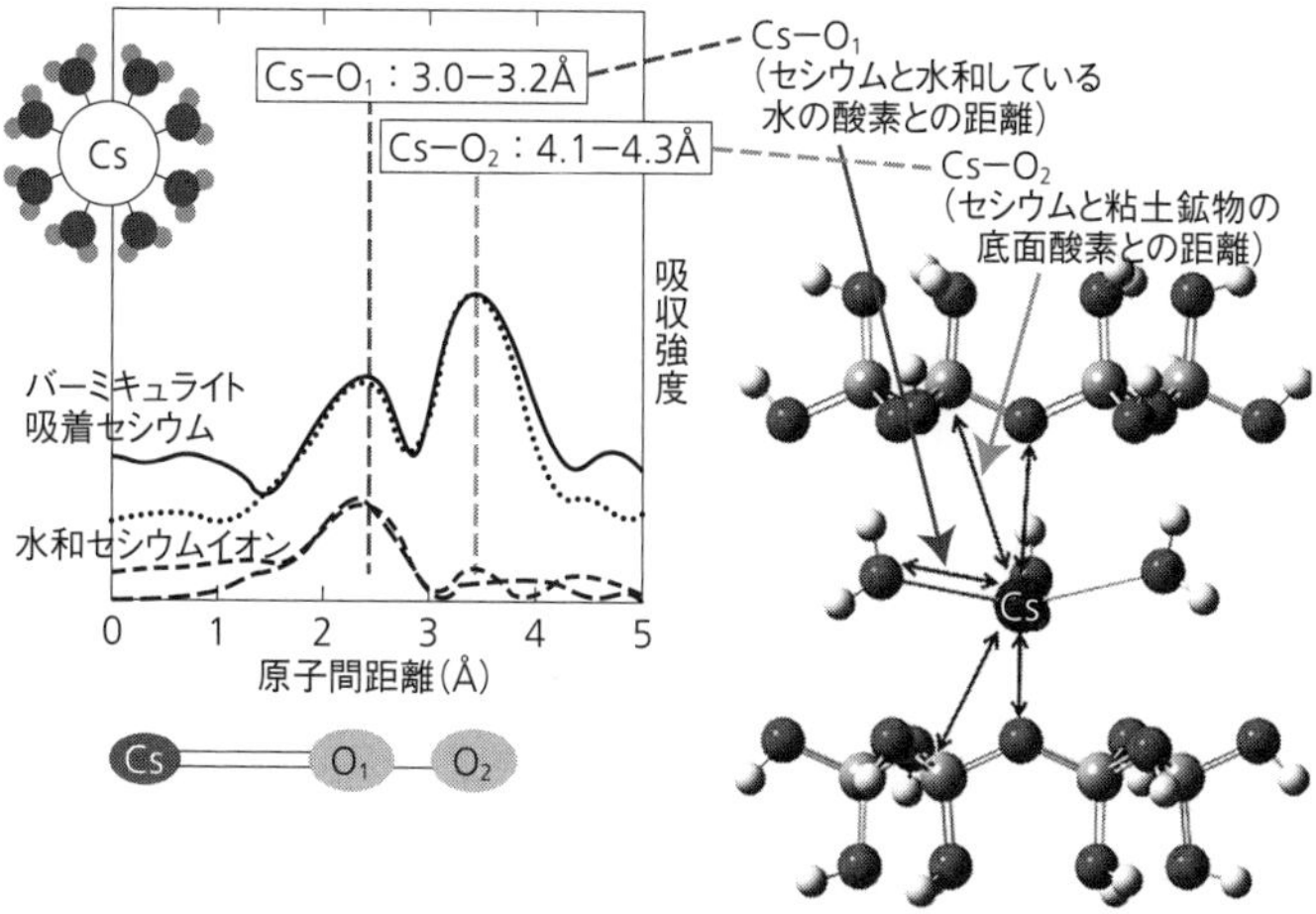

結合している鉱物（バーミキュライト）中の酸素とセシウムとの原子間距離（単位：Å）を平均すると4.1から4.3くらいとなり、水和しているときの水の中の酸素とセシウムとの原子間距離を平均すると3.0から3.2となる（提供：高橋嘉夫氏。Fan, Q.H., Tanaka, M., Tanaka, K., Sakaguchi, A. and Takahashi, Y. (2014). An EXAFS study on the effects of natural organic matter and the expandability of clay minerals on cesium adsorption and mobility. *Geochimica et Cosmochimica Acta*, 135, 49-65.）

「Spring-8」と呼ばれる強力な放射光を発生させる施設から強度のX線が得られるようになったため、元素の化学形態を詳細に知ることが可能となった。今回用いられた手法はＸＡＦＳ（X-ray Absorption Fine Structure：X線吸収微細構造）法と呼ばれ、元素の状態や隣接した原子の種類と距離、いくつの元素が結合しているかという「配位数」などが計測できる。この方法を用いると、土壌中の粘土鉱物であるバーミキュライトに直接結合したセシウムの化学形態を調べることができる。

図版1－15に示されるように、セシウムが水和（まわりに水分子が付

くこと）しているときの、セシウムと水の酸素との距離（3.0—3.2オングストローム（Å：100億分の1メートル））と、バーミキュライトに吸着しているときのセシウムと、バーミキュライトのケイ素や酸素との距離（各々4.1—4.3Å、4.5—4.7Å）は異なるため、X線を当てて得られる分光スペクトルの解析結果によると別々のピークとして出てくる。ナトリウムやカルシウム、ストロンチウムなどは、風化雲母のような層状の粘土鉱物内には水和した状態で入り込んで錯体（金属原子とほかの原子が結合した化合物）を作り、入り込んだイオンは容易にほかのイオンと交換したり脱離したりする（外圏錯体という）。しかし、セシウムは水分子が外れた状態で直接粘土鉱物に固定されるため強い結合となり、ほかのイオンとの交換はほとんど起きない（内圏錯体という）。

河川などの、水中に有機物が多量に存在する環境の場合、それらが粘土鉱物のまわりを取り囲み、セシウムが容易に中に入り込めなくなる。そこで、XAFS法でスペクトルをとって、セシウムの化学形態が外圏錯体か内圏錯体かを調べることにより、粘土に固定されず水に溶けた「溶存態セシウム」が多いのか、あるいは粘土鉱物に固定された「懸濁態セシウム」が多いのかを判断することができる。

高橋嘉夫らはこの手法を用い、阿武隈川など4つの河川で、水の中を放射性セシウムがとても小さな粒子と共に動いていることを確認した。このことは、懸濁態セシウムが多いことを示すものである。そして、懸濁態として動くセシウムは川の流れが溜まるところに一緒に留まることが推測されたため、このミクロの結果をマクロにも反映させて調べようと、事故後に放射性物質の量が増えた箇所を調べた。

具体的には、福島県で2011年11月に行われた、航空機による第4回モニタリング観測調査の各地点の計測値を、同年6月に行われていた第3回観測の計測値で割り、事故後に放射性セシウム量が増加した地点を画像化した。

その結果、阿武隈川中流地域と、河川の太平洋に面した河口域での放射性セシウム量が、事故後増加したことが分かった。阿武隈川中流には急な斜面が平らになったところがあり、そこでは流速が緩やかになったため、河川の水と一緒に流れてきた懸濁物が沈下して蓄積したと考えられる。また河口域は常に、川から運ばれた土壌が広く蓄積する場所であり、いずれも物理的に運ばれた粒子が蓄積したためだと考えられた。

なお、ミクロな化学形態から予測されるマクロにおける放射性核種の動態については、セシウムだけでなくストロンチウムでも検討された。XAFS法で調べるとストロンチウムはセシウムと異なり、水分子をまわりにつけた状態で粘土鉱物と結合していた。ということは、ほかのイオンと置き換わりやすく、土壌粒子への固定は弱いということになる。そのため、マクロに考えると、放射性セシウムは土壌粒子と共に河川を動くが、放射性ストロンチウムの場合はイオンの形にとどまり地下に浸透しやすく、また土壌への固定が弱いことから地下水を経由して拡がりやすいのではないかと予想された。しかし実際には、福島の原発事故による環境中の放射性ストロンチウムの量は非常に少なく、検出は困難な状況である。

話をセシウムに戻そう。福島県の主要河川の31カ所で浮遊している放射性セシウムが採取され、分析された。放射性セシウムはどのくらいの割合で粘土鉱物に強く固定されるか、鉱物のどのような場所に固定されるのか、固定される土壌粒子の粒径や鉱物組成、有機物の量などが詳細に調べられた。そしてセシウムを固定させる要因は何かについて、解析が行われた。その結果、放射性セシウムを強く固定する場所の指標であるＲＩＰ（放射性セシウム捕捉可能性）に対しては、まず土壌が保持できる陽イオンの量（陽イオン交換容量）、次に粒子の表面積、その次に有機物濃度の順に大きな影響を与えることが示された。

また高橋らは、チェルノブイリで河川の水を実際に採取し、ＸＡＦＳ法で調べて驚かされた。放射性セシウムのほとんどが外圏錯体であることが示されたからである。つまり土壌粒子には強く固定されていなかった。そして、溶存している有機物濃度は1リットルあたり19ミリグラムと、福島で調査した値（同1、2ミリグラム）の10倍も高かった。そのため、チェルノブイリを流れる川では、懸濁態のセシウムが多い福島県の場合とは異なり、放射性セシウムの化学形態はそのほとんどが溶存態であり、水にイオンとして溶けていた。つまり、福島県で採取した河川の水は簡単な濾過《ろか》をすることにより放射性セシウムのほとんどが除去できたが、チェルノブイリ河川の水では困難なのである。

以上をまとめよう。福島第一原発事故で拡散した放射性セシウムは、粘土鉱物との強い結合により水中では懸濁態として存在する。一方、チェルノブイリ事故では、水中にはイオンとなった溶存態セシウムも存在している。この2種類のセシウムの挙動は大きく異なる。イオンとしての放射性セシウム濃度が高いことは、植物や昆虫、動物などが水と共に摂取して吸収されやすいため、生物に与える影響も大きくなると予想される。

放射性セシウムの化学形態を知ることは、作物がどのような化学形態のセシウムを吸収するのか、河川で移動するセシウムはどうなっているのか、また除染はどのように行えばいいのかを考えていくための重要な手がかりとなるだろう。

図版1-16　表土削り取り

表面の放射性物質を除去し、袋に詰める（出典:「農地除染対策実証事業の結果」農林水産省、2013年）

二　土壌の除染

最初に紹介したように、フォールアウトによる土壌の放射能汚染は、そのほとんどが土壌表面に留まることが示された。そのため、汚染された数センチの表土を取り除くことにより、その場所の放射線量を激減させることができる。

福島県によると市町村除染地域における農地3万1千ヘクタールの「面的除染」（一定の範囲内をくまなく除染すること）は全て終了しているものの、農水省の調べでは、営農が休止した農地で営農が再開した面積は3割ほど、約5千ヘクタールと、かなり少なくなっている。

3つの除染方法

実際に土壌をどのように除染するかについては、農水省が2013年に「農地除染対策の技術

図版1-17　水による土壌攪拌・除去

水田に水を張り、伝統的な除草機具「田車」（右）などを使って攪拌した後、沈殿しにくい細かい粘土質を水ごと排水し、排水溝を汚染されていない土壌で埋める。農水省ホームページには車輌を用いた方法も紹介されている（提供：溝口勝氏、認定NPO法人ふくしま再生の会）

書」として公表しており、①表土削り取り、②水による土壌攪拌《かくはん》・除去、③反転耕の3種類を挙げている。

①表土削り取り（図版1－16）は文字通り表土の除去である。ショベルカーなどで削り取った土はフレコンバッグ（フレキシブルコンテナバッグ）と呼ばれる大型の収納袋に詰めて別の場所に集めて保管する。

②水による土壌攪拌・除去（図版1－17）の原理は次のとおりである。放射性セシウムはそのほとんどが細かい粘土質に付着している懸濁態であった。このことから、水を農地に導入してかき混ぜ、ほとんどの土壌成分が沈殿した後、放射性セシウムが吸着した大部分の粘土質が沈殿せずに上澄みに残って浮遊しているので、その上澄みごと排水する方法である。

溝口らがこの方法で除染を行った結果、土壌に吸着した放射性セシウムを80パーセントは除去できることが分かった。彼らは放射性セシウムを含む上澄みを、水田脇に作った溝に

図版1-18　反転耕

放射性物質を土壌下層へ反転する（写真出典：「農地除染対策実証事業の結果」農林水産省、2013年）

排水した。それをしばらく置いておくと水だけが地中に染み込み、放射性セシウムは溝の底や壁の土壌に付着して残る。そこで、溝に残った汚染土壌の上に、汚染されていない土壌を50センチほど積み重ねると、溝に残った放射性セシウムから放出される放射線量は、汚染されていない土壌に遮蔽され、1千分の1に減少するのである。

彼らはその後、この溝のあちこちに放射線量を測定する簡易機器を埋め込み、溝中に残った放射性セシウムが時間と共にほとんど動かないことを確認した。この方法は当初は考えられていなかったので、少し遅れて公式な除染方法として紹介されることとなった。技術書には上澄みを集めて処理することと書かれているが、溝口らは懸濁態のセシウムを含む溝に流すことで手間を省く方法をとった。そして、本当に溝に固着した放射性セシウムが動かないかどうかは溝に簡易放射能測定器を埋め込み、そのデータを住民がいつも知ることができるように設計されている。今ではその測定器のバッテリーは太陽光により蓄電される形態となってきている。

次の③反転耕（図版1―18）であるが、汚染が表土のみであるため、下方の土壌と入れ替えて線量を低くする作業である。施工方法について、どのような反転耕が可能か、また吸着材を土壌に散布して耕運機で反転させることで効果が向上すること、などが農水省のホームページで紹介されている。

除染効果は実際の5地区・408地点で測定され、放射線量は実施前のほぼ数パーセントにまで激減している。除染の対象となった土壌汚染の基準値は5千ベクレル／キログラムであり、それよりも放射線量がかなり高い場合には主に①表土削り取りの作業が行われてきた。そのため、汚染土壌を詰めたフレコンバッグは震災後7年で２２００万袋に達し、農地に積まれたところも多くあって、農業生産場所が減少することとなった。フレコンバッグについては、仮置きや保管の場所なども大きな問題となっていることは周知の通りである。ただ、これら収納された除去土壌は、帰還困難区域のものを除き、２０２１年度には中間貯蔵施設におおむね搬入が終了する見込みとなっている。

除染後、農地の現場での放射性セシウムの放射線測定は実際にはどのように行われたかについて説明したい。事故当初は、飛行機による測定値から放射能汚染地図が描かれた。これは概略を知るために重要な措置であったものの、放射線量は、放射性物質と測定器の距離の2乗分の1で変化する。例えば放射性物質から1メートル離れたところで測定された放射線量は、10分の1の距離である10センチ離れたところで測定された値の100分の1に減少する。測定する飛行機は低空飛行したが、低空であるだけに障害物の回避などで高度が変化した。このため測定値の誤差が大きかった。そこで、もう少し詳細に測定を行おうと、自動車などの乗り物を用いた測定やドローンを利用した測定などが次第に行われるようになった。そして、農地での測定のために、人が機器を背負って放射線を測定しながら歩くための装置も開発された。そのひとつが京都大学原子炉実験所（現・複合原子力科学研究所）で開発されたＫＵＲＡＭＡという測定機器である（図版1－19）。

これは車載でも人が携行しても作業が可能な、ポータブルな放射線測定機器で、空間線量と地表の線量の両方が測定できるよう、2つの放射線計測器が装備されている。これをリュックサックに収納して現場を歩きながら計測するのである。20キログラムのＫＵＲＡＭＡを背負って二瓶らが畑をくまなく歩いて測定した結果の例を図版1－20に示した。

測定された放射線量の大小により濃淡を分けた。ここは除染が終了した農地で、除染作業は作物を実際に育成する農地そのものに対して行われ、表土約5センチが取り除かれて、放射線量は非常に低くなった。一方、あぜ道は除染作業対象に入らなかったので、除染を行うまでには至らない程度であったものの少し放射線量が高いことが分かった。現在はKURAMAの軽量化が進

図1-19　ポータブル放射線測定機器KURAMA

計測器を2つ仕込んだリュックサックを背負い、実際に農地を歩いて測定する。空間線量と地表の線量の2種類を測れるようになっている（提供：二瓶直登氏・上田義勝氏）

図1-20　KURAMAによる農地での計測結果

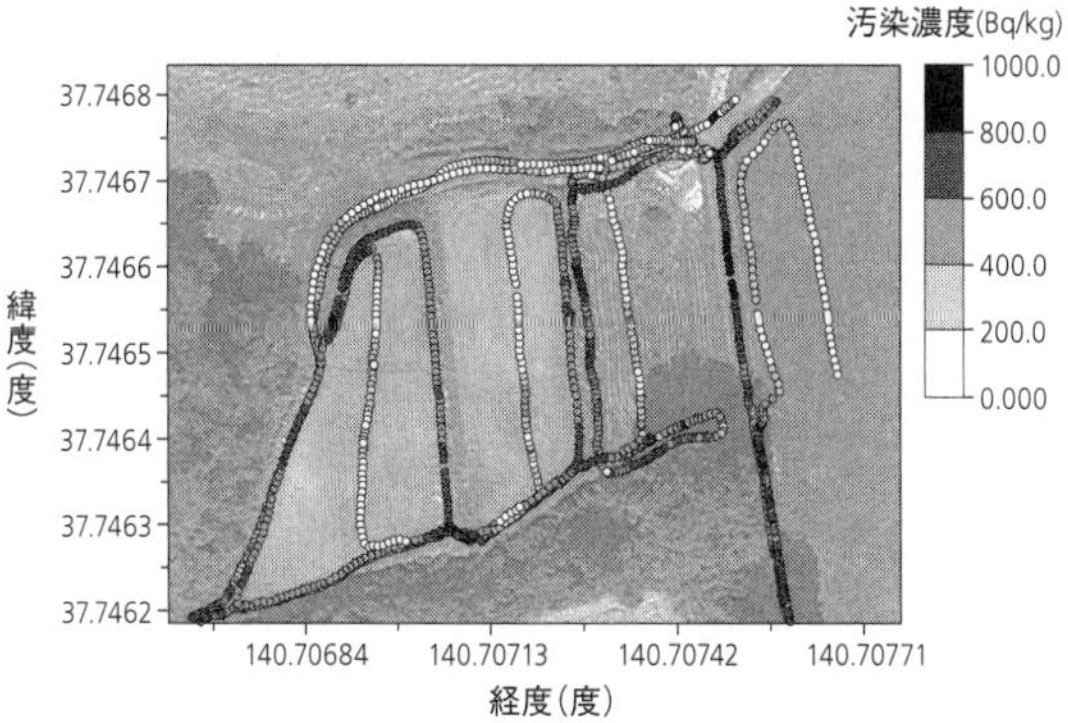

除染後の農地を歩いて計測した結果。あぜ道は除染作業がなく、少し線量が高くなっていたが除染が必要なほどではなかった（提供：二瓶直登氏・上田義勝氏、濃度分布図作成：原清人氏）

み、より背負いやすい機器となってきたことを付け加えておきたい。

除染の効果について飯舘で測定を行った塩澤らは、除染後の空間線量率は周囲の環境により下がり方がわずかながら異なるという結果を得ている。特に周囲に山があると線量率が低くなりにくいという傾向が見られ、このことは、土壌を除染しても、その後、山を含む周囲から放射性物質が空気中を飛来するなどで、まだ入り込む可能性があることを意味していると考えられた。

除染後の農地はどうなったか

では、除染後の農地は、営農再開に向けて、どのような状況にあるのだろうか。

高濃度放射性セシウム汚染農地のほとんどは、5センチを目安に表土が除去された。そして表土を取り除いた後には山砂《やまずな》が運ばれた。ということは、農作物を育てるための地力《ちりょく》（作物生産能）が大きく下がったということである。土壌が生成されるまでには長い年月が必要であることは序章で述べた通りである。そしてその土壌に地力がつくためには、植生、有機物や微生物の混入など、膨大なプロセスが必要である。山砂の搬入によって低下した地力を、肥料などでどのように補っていくのかがこれからの大きな課題のひとつである。

汚染された農地の多くでは、その表土を除去すべく重機が使われた。このとき、重機が実際に農地に入り込み、少しずつ動いて表土を除去する作業を行ったため、農地の土壌は重機の重さで圧縮されることとなった。作物が育つ土壌には、土壌そのもののほかに空気層と水が必須であるため、除染された農地を使って農業を再開するためには、まず、土壌に空気層を作る作業が必要となる。圧縮された土壌の下に空気を送るパイプを潜り込ませ、空気を送りながら、固くなった土を柔らかくするのである。

そして、土壌がある程度柔らかくなってきたら、次のステップとして、その土壌で作物をどれだけ均一に生育させることができるかを検討するため、試験的に植物を畑全体に植える。私たちは、畑には同じ作物が同じ高さで広く均一に育っている状況を思い浮かべるが、均一に作物が育つようにするためには大変な作業が必要なのである。まず作物ではない、生育が速く、よく育つ植物を選んで畑一面に植える。観察すると、土壌の地力が落ちた箇所は植物の生育があまりよくない。福島での試験研究ではまず、南方に育つ植物を選んで、一面に植える試みが行われた。その植物が均一に育つようになり、土壌の地力が均一になった後に初めて、作物を植えることができる。

しかし農地では付近からの雑草、特に水田ではイネ科のヨシが入り込んで育つことが多く、雑草の除去という作業が必須である。数年間耕作を放棄した農地となると、ヤナギが生えてくることがあり、灌木《かんぼく》となると除去作業は大ごととなる。

郡山で、土壌に空気を送り込み、雑草除去をして、何とか均一なイネが育ち始めたという水田を見ることがあった。ちょうど収穫時期でもあり、遠くから黄金色のイネの穂が一面に見えた。ところが、近くに寄って見ると驚いた。黄色の穂についた種子の色はまだらで、黄色い種子の間に青い種子がかなり混ざっていた。均一に育てること、それも個体レベルで均一な穂を育てることが、いかに大変な作業の結果であるかが分かった。特に営農の再開は、ていねいな土壌調整の後、初めて可能となるが、農業の担い手が高齢者だけであったら難しいと思われる作業も多いというのが現実である。

第二章

吸収の抑制と排出の仕組み——セシウムはどう取り込まれるか

福島県での農業の実態の一端は、農産物の産出額の変化から読み取ることができる。毎年福島県が公開している「ふくしま復興のあゆみ」によると、コメ、野菜、果物、花卉《かき》、畜産などを合わせた産出額は2011年に前年を20パーセントほど下回ったものの、2015年あたりから徐々に回復し、事故前より10パーセント減ほどとなってきている。福島県農林水産部によると、福島県の農産物の輸出実績は総量としてはまだ少ないものの、アジアを中心に伸び、2017年から過去最高額を更新しており、2019年度には事故前の約倍の量、30万トンを超えるに至った。

ただ、全国的にも出荷量の多い果物であるモモでは、全国の平均よりも依然として15パーセントほど低い価格で出荷されている。和牛も、全国平均より15パーセントほど低い価格で推移している。

一　農産物の検査

汚染検査はどこまで行われているか

福島県では農産物の放射能汚染検査を継続して行っている。野菜・果物など、同じ市町村内で3カ所以上から同じ作物を収穫し、放射線量が食品としての基準値（100ベクレル／キログラム）を超えていないことを確認するというモニタリング調査を行い、その後作物を市場に流通させている。しかし、営農再開が進まず、同じ作物を栽培している農家が3軒に満たない場合、作物の汚染が確認されなくても流通させることはできない。

主食であるコメについての検査は、1袋たりとも汚染米は流通させないよう、全袋を測定することになったことは周知の通りである。福島県での玄米の全袋検査は、放射能を測定するベルトコンベア式放射性セシウム濃度検査器199台を、163カ所の検査場に設置して行われた。この検出器は全袋検査のために特別に開発された非常に高価なものである。30キロ入りの玄米袋は長さが63センチであることから、毎年約1千万袋を機器に入れて測定したということは、年間に測定した袋すべてを並べると、福島からアフガニスタンの首都カブールまでの距離に相当する。検査にど

図版2-1　放射能汚染検査で基準値を超えた件数

食品群＼年度	2015		2016		2017		2018		2019	
	検査件数	基準値超過	検査件数	基準値超過	検査件数	基準値超過	検査件数	基準値超過	検査件数	基準値超過
玄米	9	2*1	0	0	5	0	4	0	6	0
穀類(除玄米)	2,724	2*2	705	0	433	0	236	0	201	0
野菜・果実	4,585	0	3,793	0	2,861	1*3	2,461	0	2,184	0
原乳	413	0	415	0	398	0	350	0	308	0
肉類	3,969	0	3,791	0	3,578	0	3,856	0	3,650	0
鶏卵	144	0	143	0	111	0	96	0	108	0
牧草・飼料作物	1,148	0	922	0	680	0	767	0	661	0
水産物	9,215	7	9,505	4	9,288	8	7,134	5	6,634	4
山菜・きのこ	1,562	7	1,832	2	2,111	1	1,733	1	1,942	0
その他	86	0	74	0	80	0	71	0	66	0
合計	23,855	18	21,180	6	19,545	10	16,708	6	15,760	4

＊1　2014年産米（2014年4月-2015年3月）を2015年7月に検査したもの。震災後初めての作付で放射性物質の抑制対策をせずに栽培したもので、隔離処分済みである。
＊2　2014年産（2014年4月-2015年3月）の大豆を2015年6月に検査したもの。当時、出荷制限が指示されていた地域で県の定める出荷管理計画に基づき全袋調査を行ったもので、焼却処分済みである。
＊3　特定圃場のクリ（2012年10月以降販売を中止しており、十分な栽培管理をしていないが、継続して調査してきたもの）であり、2018年12月5日に伐採済みである。

2015年度―2019年度。基準値を超えたものが流通することはない（出典：福島県環境保全農業課「農林水産物のモニタリング検査件数及び結果の推移」）

れほどの労力が費やされてきたかが推測できるだろう。

玄米については、12の市町村を除いて、2012年産から開始した全袋検査を2020年産から廃止し、ほかの作物と同様、何袋かから抜き出した試料について放射能測定を行う「モニタリング調査」（図版2－1）に切り替えることになった。2015年産以降5年間、基準値を超える放射能が検出されなかったからである。ただ、12市町村では全袋調査を続けることから、玄米の検査のしかたは、

図版2-2　食品中の放射性セシウム濃度の規制値

	日本 基準値 (2012年4月以降)	コーデックス 委員会	EU (域内の流通品)	アメリカ	韓国
飲料水	10	1,000	1,000	1,200	370
牛乳	50	1,000	1,000	1,200	370
一般食品	100	1,000	1,250	1,200	370
乳児用食品	50	1,000	400	1,200	370

単位はベクレル／キログラム。コーデックス委員会とは、国連食糧農業機関（FAO）と世界保健機関（WHO）が設置した国際的な政府間機関。日本では2012年4月から食品衛生法で、一般食品の基準値は500から100ベクレル／キログラムと低くなった。天然の放射線量から区別するために長時間の測定も必要になる（出典：http://www.env.go.jp/chemi/rhm/h28kisoshiryo/h28kiso-04-02-03.html）

会津・中通りと浜通りで違いが生まれることとなった。会津と中通り地区では1市町村あたり3点で玄米をモニタリングしてから出荷するが、浜通り地区では従来通り全袋調査をするところが残っている。

農産物について、平成27（2015）年度から令和元（2019）年度までの、基準値を超えた検査件数は図版2-1の通りであり、令和2（2020）年度は基準値超えは全体の0.007パーセントとなった。これらの、基準値を超える放射線量が測定された農産物については、産地ごとに国または県から出荷制限の指示や要請が行われるので、流通することはない。

農産物の放射線量の基準

放射線量についての基準値は図版2－2の通り決まっているが、この図版から分かるように、日本の基準値は海外と比較して非常に低く設定されている。

低い基準値は安心を与えるとも受け止められるが、個々の農産物が基準値をクリアしていることを実際に測定して実証し、市場に出すことには大変な作業が必要となる。農産物の放射線量を測定する際には、天然に存在する放射線も一緒に測定されるからである。核種は異なるが、人の体内には4千ベクレルほどのカリウム40が含まれているように、天然に存在する放射性核種からの放射線量は多い。

測定される放射線量とは、一定時間にカウントされる放射線の数である。例えば飲料水の基準値が10ベクレル／キログラムということは、1秒間に放射線のカウントが10以下であることとなる。天然からの放射線の影響を除くため鉛の遮蔽体の中に入れて測定するが、それでも天然放射線は測定されてしまう。短時間で判断する場合、それが天然由来か事故由来かの判断がつかないため、長時間かけて区別する。低線量の放射線を測定する際には、カウント数を増やすため長時間の測定が必要となるのである。

二　セシウムの吸収を抑制する

カリウム施肥という方法

これまでの各種試験により、作物の放射性セシウムの吸収を抑制するうえではカリウムの散布が最も効果が高いことが確かめられている。土壌中のカリウムの濃度が高いと、そこで生育する作物中の放射性セシウム濃度が低くなるからである。

図版2－3に示されるように、実際の試験結果に基づき、生育期間を通した土壌中のカリウム含量の目安の推奨値は、酸化カリウムをもとに計算された慣行的なカリウムの施肥基準の、乾燥土壌100グラムあたり15―20ミリグラムから、同25ミリグラムに引き上げられ、各県での指導に活用された。

例外的ながら、このカリウム量とセシウム吸収の関係が成り立たない土壌があることも分かった。いわゆる外れ値を示す土壌であり、カリウム濃度を高くしても吸収されるセシウム濃度を抑制できない土壌である。しかし、ほとんどの土壌ではカリウム施肥の効果は非常に高く、この手法の普及が作物生産に大きく寄与している。つまり、このカリウムによる放射性セシウム吸収抑制が、汚染農産物の生産を抑制する最良の方法であり、この手法が農業再開への道を作ったと

図版2-3　土壌中のカリウム量と玄米のセシウム濃度との関係

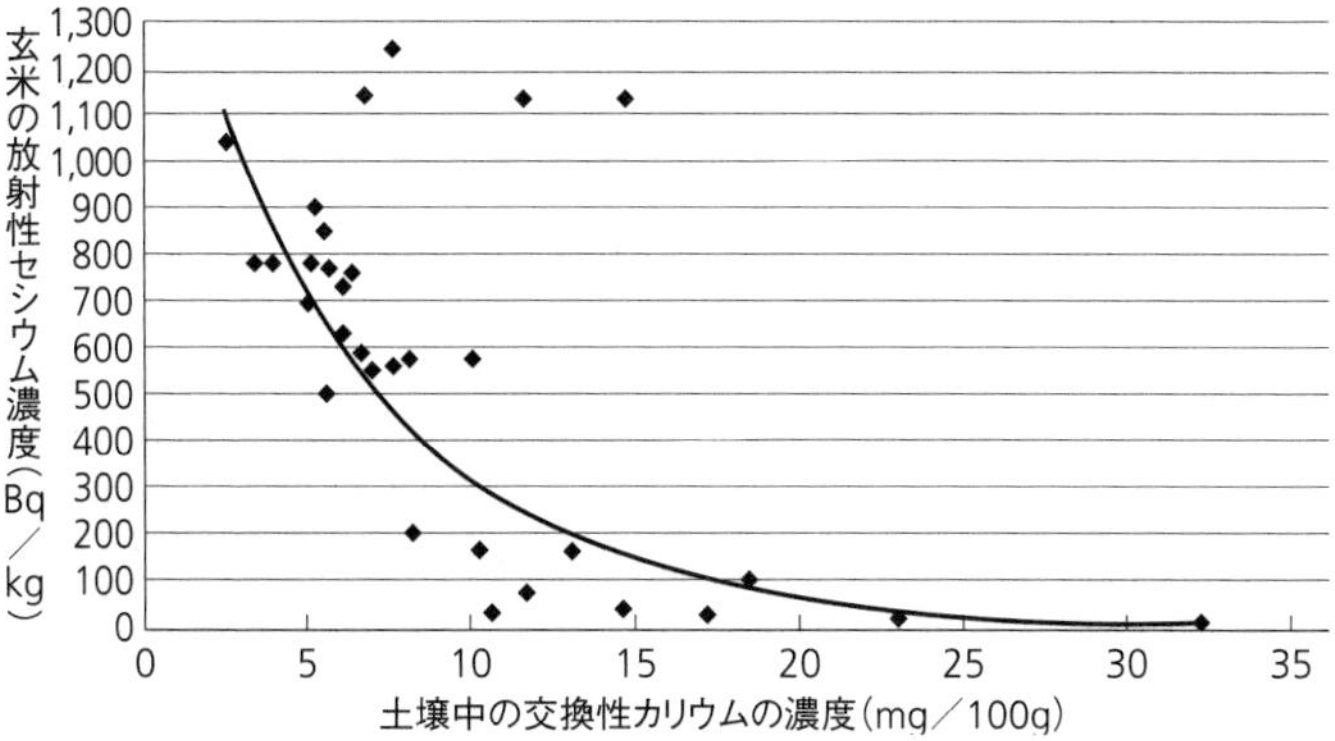

土壌に交換性カリウムが多く含まれるほど、玄米中のセシウム濃度は低い（出典：「暫定規制値を超過した放射性セシウムを含む米が生産された要因の解析（中間報告）」2011年12月25日、福島県・農林水産省）

いっても過言ではない。

穀物生育の代表としてイネを例にとろう。イネがどう放射性セシウムを吸収して汚染米ができるのかを考えるには、イネの根から放射性セシウムを「吸収」する段階と、いったん植物体に吸収された放射性セシウムが種子まで運ばれる（「転流」する）段階とに分けて考える必要がある（図版2-4）。つまり、直接根から玄米に運ばれるルートと、いったん葉などどこかの組織に蓄積された後、玄米に届くルートである。図版2-5に示されるように、実験によると、イネの根から吸収されるセシウム量は、カリウムが存在すると低くなり、また、玄米へ転流するセシウムの量も抑制されることが分かった。

カリウムとセシウムは化学的性質が似通っているため動態も同様だと予想されていることもあり、

図版2-4　イネによる放射性セシウムの吸収と転流

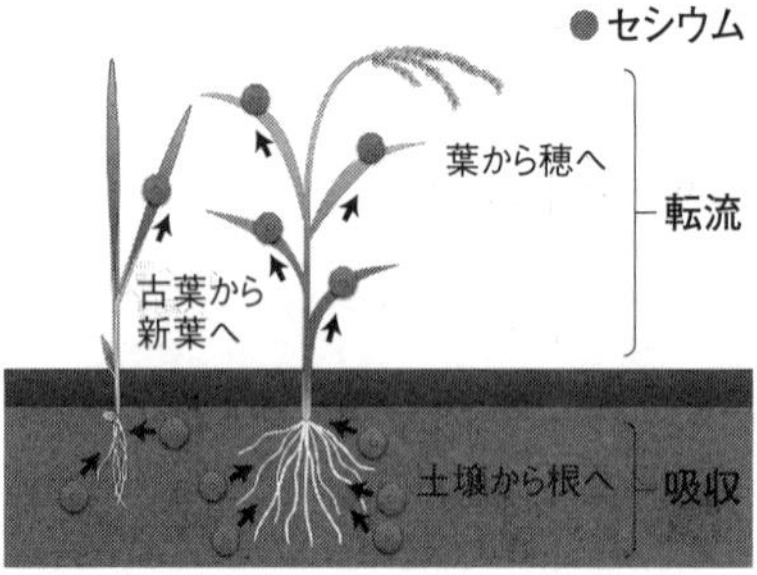

地下部で土壌から根へ取り込む吸収と、地上部の中で流れる転流

図版2-5　カリウム濃度ごとの放射性セシウムの吸収と転流

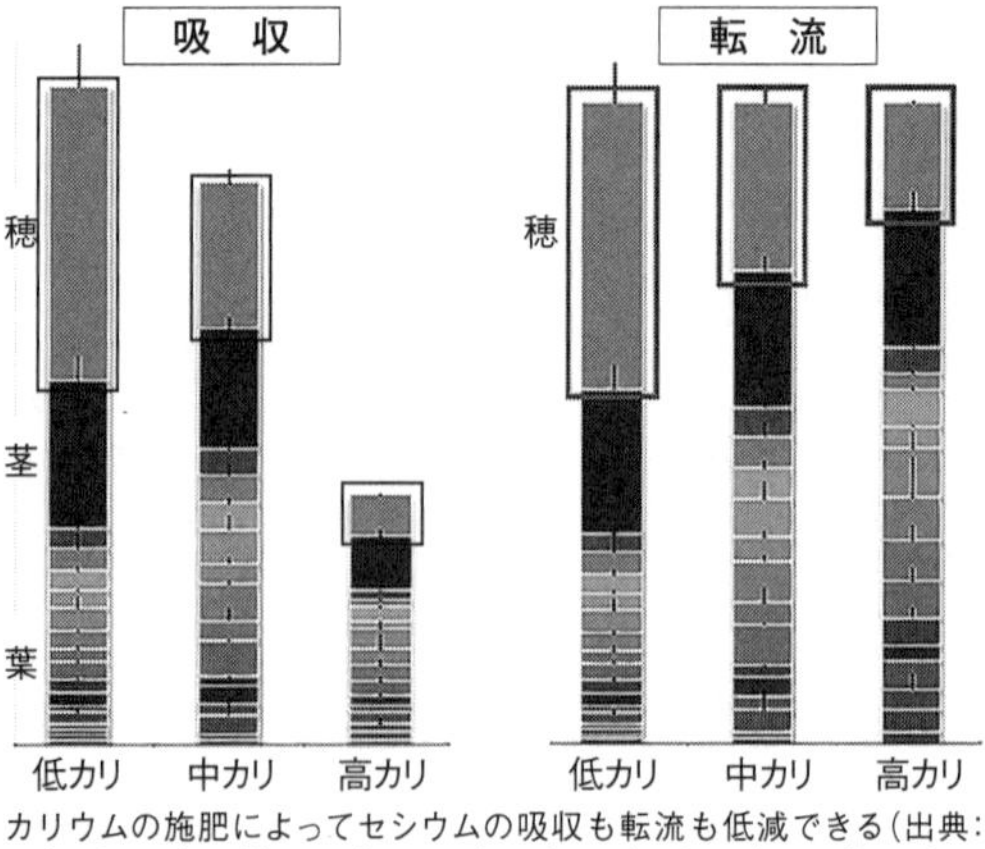

カリウムの施肥によってセシウムの吸収も転流も低減できる（出典：Nobori et al., Effects of potassium in reducing the radiocesium translocation to grain in rice, *Soil Science and Plant Nutrition*, 60, 2014, 772-781.）

セシウムの転流抑制についてのメカニズムはあまり分かっていない。品種によって転流の抑制度は異なっていたが、セシウムの吸収量に差が見られない品種でも転流には差が現れており、しかもその差が幼植物期から見られることは興味深い。

話をカリウム施肥に戻すと、現在、毎年行われているカリウム施肥をこれからどのくらい続けるべきかを明らかにするという課題が残っている。施肥量の目安は、土壌中のカリウム濃度と、そこで生産された玄米が土壌中の放射性セシウムを吸収する割合（移行係数）により決められている。しかし土壌によっては、カリウム濃度が推奨値より低くても、イネへの移行係数が低いところもある。また、そのような場所でもカリウム施肥の効果がどのくらいあり、どのくらい持続するのかという問題がある。

一方、牧草の場合には別の問題がある。牧草地へのカリウム施肥は、牧草の放射性セシウム吸収を大きく抑制する効果があった。しかし、カリウム含量の高い牧草を食した牛は、カルシウム欠乏症（乳熱など）やマグネシウム欠乏症（グラステタニー）になるため、乾物飼料全体のカリウム濃度は3パーセント以下である必要がある。

施肥により高くなった牧草中のカリウム濃度の問題については、福島県農林水産部が、放牧する前に牧草中のテタニー比（カリウム／〔カルシウム＋マグネシウム〕当量比）が2.2以下になるように放牧管理を求めている（「農業技術情報（第39号）」2013年）。また、農水省は2016年に、カリウムが原因と疑われる牛の死亡事故について伝えている。カリウム含量が高くなった土壌を使用する牧畜農家にとって、そこで育つ牧草中のミネラル分析や、家畜へのマグネシウム入り飼料の補給などが必要となっている。

セシウムを吸いにくい品種

カリウム施肥が放射性セシウムの吸収を抑制することは示されたものの、いつまで施肥を続けるべきか不明なこと、カリウム濃度の高い作物が持つ弊害などが明らかになったため、作物の中にセシウムをあまり吸収しない品種があれば、それを利用してはどうかという考えが出てきた。

イネの場合、品種によりセシウム吸収濃度は大きく異なることが示された。異なる栽培品種を同じ場所で栽培し、玄米中のセシウム133の濃度を測定した報告がある。セシウム133は天然の安定同位体であるが、化学的には放射性セシウム137と同様の挙動を示す。生育させたイネの品種は、東南アジアでよく食される細長い種子であるインディカ米、少し丸みを帯びて粘着性の高い種子のジャポニカ米を含む、代表的なイネの世界品種コレクション（イネ・コアコレクション、WRC）と、日本のいくつかの代表的な品種である。これらの玄米中のセシウム133濃度を調べた結果を図版2－6に示した。

安定なセシウム133の測定値ではあるが、一般に日本の栽培品種中のセシウム濃度はWRC品種と比較して非常に低い。WRCでは品種間のセシウム濃度の差は非常に大きく、この違いが何に由来するのか、つまり土壌の性質なのかカリウム濃度の差なのか、また植物自身の性質によるのかなどは予想できない。日本の栽培種ではすでにセシウム濃度が低いことから、さらにセシウム

図版2-6　品種別の玄米中セシウム133濃度

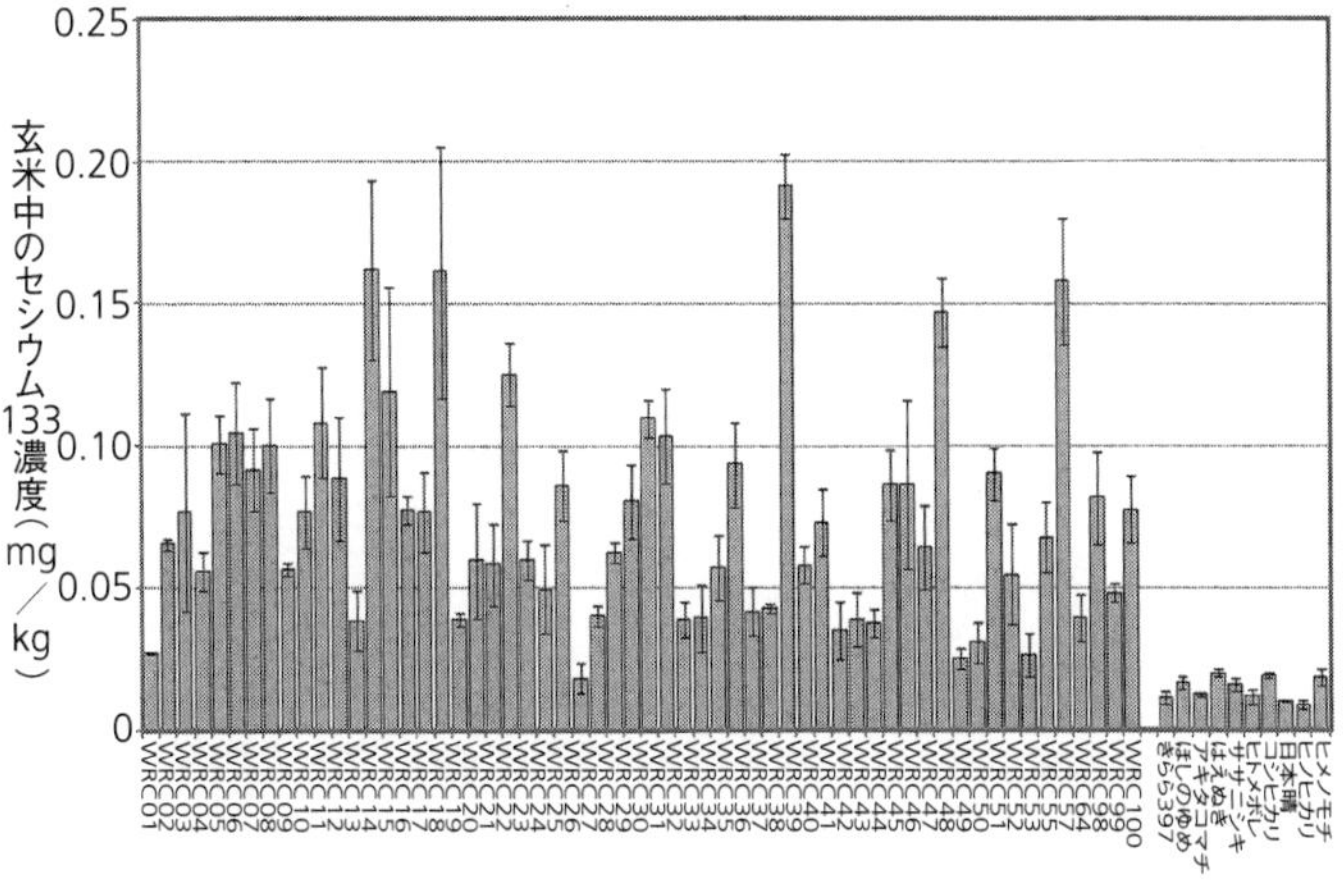

左から、イネ・コアコレクションの約60種と、日本の代表的な品種。日本のものは顕著に濃度が低かった（出典：山口ら「土壌―植物系における放射性セシウムの挙動とその変動要因」、『農業環境技術研究所報告』31号、2012年、75-129）

濃度が非常に低い品種を選ぶことはかなり困難であると考えられる。

次の課題として、遺伝子を調べることで、セシウムの吸収を抑えた作物を開発しようとする研究が行われている。フランス原子力・代替エネルギー庁（CEA）のヌソムらは、カリウムの輸送体（トランスポータ）のある遺伝子が働かなくなることでセシウム吸収が抑制されたイネを開発し、大きなインパクトを与えた。また大豆では二瓶らが、セシウムを吸収しない大豆の開発を行っている。

しかし、セシウム吸収量の低い品種が新たに開発されても、その品種の持つ性質の長期にわたる安定性、収量、味覚などの検討課題や、その遺伝子組み換え作物の安全性を確認するプロセスもあって、開発されたイネが生

図版2-7　牧草5種の元素濃度比較

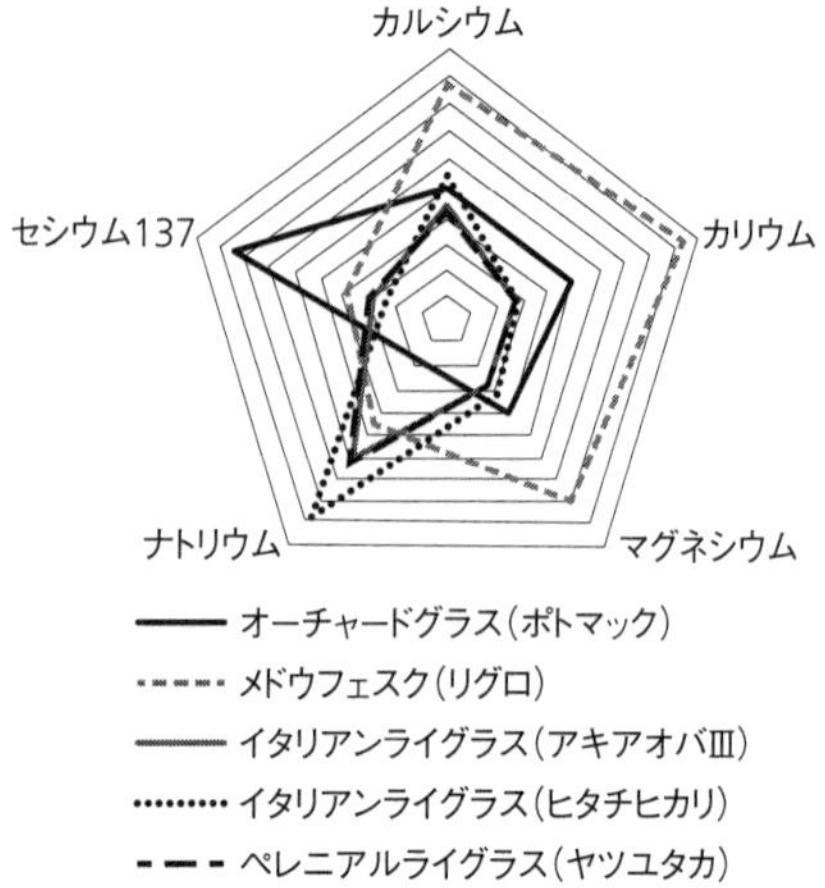

低カリウム土壌（無肥料・貧栄養条件）で育成したものとして見ると、イタリアンライグラスとペレニアルライグラスが特にセシウム濃度が低かった（提供：小林奈通子氏）

産ラインに入るまでにはかなり時間がかかるのではないかと考えられる。

ちなみに、牧草についても、品種によってセシウム吸収量がかなり異なることが分かった。飯舘村の山林土壌を用いて、オーチャードグラス（品種名ポトマック）、メドウフェスク（品種名リグロ）、イタリアンライグラス（品種名アキアオバⅢとヒタチヒカリ）、ペレニアルライグラス（品種名ヤツユタカ）の5種類の牧草を生育させ、放射性セシウム濃度、ナトリウム、マグネシウム、カリウム、カルシウム濃度を測定したところ、図版2－7のような結果が得られた。

使用した土壌のカリウム濃度は、作物栽培用の農地土壌と比較して非常に低い（100グラムあたり5ミリグラム）ので、これらの牧草は無肥料・貧栄養条件で育成したものととらえることができる。放射性セシウム濃度はオーチャードグラスが極めて高かったが、イタリアンライグラスとペレニアルライグラスは共に低カリウム濃度と低セシウム濃度であり、有望品種と思われた。

土壌がセシウムを吸着させる

すでに述べたように、放射性セシウムには水に溶けてイオンとなった「溶存態」のものと、鉱物に吸着した「懸濁態」のものが存在する。作物は溶存態のセシウムはよく吸収するものの、懸濁態のものはほとんど吸収しない。このことは、現場での作物の育成試験ならびに実験室での試験で確かめられている。溶存態のセシウムであるセシウムイオンを溶解した水耕液中で育成したイネには多量のセシウムが吸収されるが、水耕液中に土壌が存在すると、ほとんどのセシウムは土壌に吸着してイネに吸収されない。

この様子は放射線のリアルタイムイメージングシステム（植物が取り込んだ放射性核種が発する放射線を光に変換して高感度カメラで撮影し、その時間変化を画像化する装置）でも映像として見ることができる。この装置の開発により、水耕液中に存在する土壌の効果、つまり、水耕栽培と土耕栽培における放射性セシウムの吸収のされ方の違いを画像で確かめることができた。土壌の持つ有り難さを深く知る調査結果となった。

三　農地での問題点

土壌の巻き上げと空気中の浮遊物

原発事故によるフォールアウトは至る所に吸着して残っている。そのほとんどは動かないものの、気象条件により建物や山林、土壌などから土ぼこりとして農地に降ってくる可能性がある。

この土ぼこりは、２０１３年産の玄米の全袋調査の際、測定した約１１００万袋の中で28袋が基準値の100ベクレル／キログラムを超えていたことから問題となった。問題となった28袋中27袋が、特定の地域で栽培されたコメだったからである。

この地域でのイネの穂を調べると、放射性セシウムが特定箇所に固まって検出されたものがあった。そのため、玄米の放射性セシウムが基準を超えたのは、土壌の性質の違いもあるものの、降下した放射性セシウムか、あるいは放射性セシウムを含む大気浮遊物がイネの穂に降ってきたためではないかと考えられた。

放射線の環境モニタリング情報としては、空間線量率や、海洋・水環境モニタリングと並んで、大気浮遊塵、定期降下物の項目が公表されている。原子力規制委員会の発表によると、降下物の放射性セシウム量は毎月数十—数百ベクレル／平方メートルというレベルである。大気浮遊塵中の放射性セシウム濃度は、地域や時期により変動があるものの、福島第一原子力発電所に近い地点の大きな値を参考にすると、1カ月1立方メートルあたり0.1ミリベクレルのレベルとなる。1年間では1.2ミリベクレルとなる。

この地点における、大気浮遊塵による人の内部被曝量を計算すると、年間の呼吸量を1回0.5リットル×20回×60分×24時間×365日とすると、浮遊塵中の濃度（1立方メートルあたり1.2ミリベクレル）×呼吸量（5256立方メートル／年）×実効線量係数（セシウム137の場合は0・013）で求められ、年間0・00082ミリシーベルトとなる。この値は日本での自然放射線による年間線量、2.1ミリシーベルトよりもはるかに低い値である。なお序章で述べたように、将来の発がん率が0.5パーセント上がるリスクがあるとされる累積被曝線量は100ミリシーベルトである。

2016年、原発から20キロ以内の数地点での放射性降下物について、二瓶らにより、コマツナの栽培を通じた調査が行われた。まず栽培ポットに土を詰めて空気中に開放しておいたところ、土壌表面に放射性降下物が落ちてきて、31日後、77日後、161日後にそれぞれ、9ベクレル、21ベクレル、34ベクレル／キログラム（乾燥土重量）となった。何も植えていない土壌表面に、放射性セシウムがスポット状に存在したのである。

次に、測定を行う場所を福島第一原発から数キロ―50キロの間の6地点に設定し、2016年から2018年にかけて、地表から30センチ、60センチ、120センチの高さに固定したポットでコマツナを栽培し、どのくらいの放射性セシウムが付くかを調べてみた。なお、採取したコマツナのうち半分の地上部を水洗いし、残りの半分はそのままの状態で測定した。食品衛生法に基づく放射性物質の測定では原則として乾燥させずそのままの状態で測定することとなっているが、洗浄したものとしないものの条件を合わせるため、乾燥させてから放射能測定を行った。

収穫して測定したところ、まず、除染を行った地点では全般に、除染を行っていない地点よりもコマツナの放射性セシウム量が少なかった。しかし場所によって濃度は大きく異なった。また、葉を洗浄することにより放射性セシウム濃度が大きく減少することが分かった。未除染地区で原発から3.5キロの地点で育成したコマツナからは非常に高い値が測定されたが、この場合も洗浄により線量は減少した。放射性セシウムが葉に付着しても、短期間の後であれば水で洗い流すことができたのである。

同地点で同期間生育したコマツナを比較すると、地表面に近い場所で生育させたコマツナの方が、地表面から離れた高さで栽培したものよりも放射性セシウム濃度が高かった（図版2－8）。このことから、地面に近いところで栽培したコマツナは、地面からの土ぼこりの巻き上げにより汚染されたのではないかと考えられた。その一方で、降下してきた放射性物質の影響もかなりあるのではないかとも考えられた。セシウム降下量は12月以前の方がその後よりも多く、季節性があることも分かった。

そこで次に、農作物の汚染がどのような気象条件下で発生するのかを調べるため、試験を行った帰還困難区域での降水量と最大風速を、気象庁のデータから調べた。その結果、コマツナの放射性セシウム濃度は、降水量との関係は見られなかったものの最大風速とは高い相関が見られた。つまり、帰還困難区域のような空間線量が高い地域では、生育期間中に強い風が吹いた場合、農作物に付着する放射性セシウム量が多くなると考えられた。

図2-8　福島第一原発から約35kmの地点で栽培したコマツナの放射性セシウム濃度

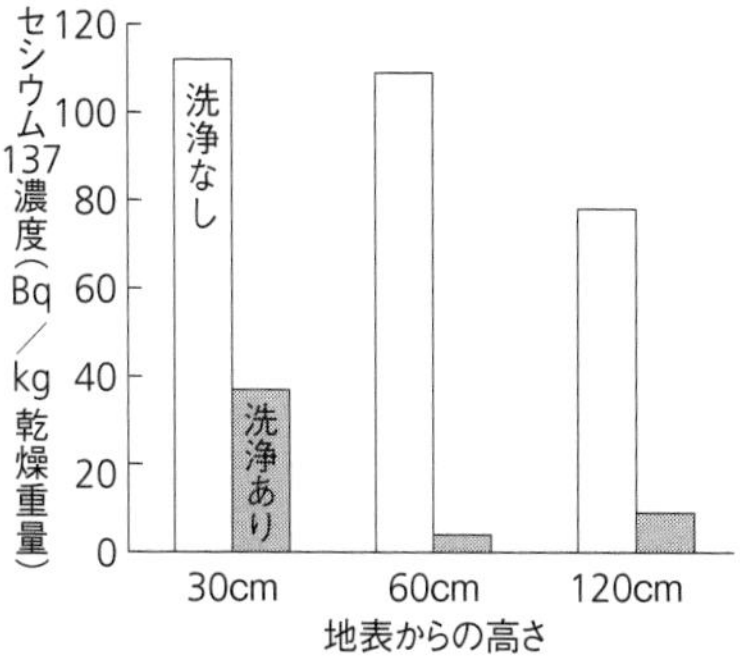

地表面に近い場所で生育させたものの方が、地表面から離れた高さで栽培したものよりも濃度が高かった。また、いずれも洗浄によって大幅に線量が減った（提供：二瓶直登氏）

ただ、降下した放射性セシウムの量とコマツナの放射線量との間には、葉に付着した放射性セシウムが雨や風で取り除かれる可能性もあるためか、相関は見られなかった。葉をよく洗浄してから、コマツナ内部に取り込まれた放射性セシウムと降下量を調べると、両者の間には相関が見られたが、測定されたコマツナの放射線は葉面からの吸収によるものか、土壌に降下した放射性セシウムが根から吸収されたことによるものかの区別はつかなかった。

　そこで、放射性セシウムが葉からどのくらい吸収されるかを調べるため、汚染された海藻から抽出した放射性セシウムを、コマツナに噴霧してみた。すると、このような放射性セシウムは葉からよく吸収されることが示された。海藻から抽出した放射性セシウムは交換性セシウムであるが、降下物や浮遊物にも交換性セシウムが含まれる可能性はある。調査した地点で営農を再開しようとする場合には、このような降下物や浮遊物の影響を十分考える必要があるだろう。

なお、2016年から2018年に9回、許可を得てコマツナを栽培した箇所は帰還困難区域内を含むものである。福島県の農産物は、除染や放射性セシウムの吸収抑制対策、モニタリング検査等の実施などを行っており、農産物の安全が確保されている。そして帰還困難区域内は実際には立ち入りも制限され、営農も行われていないことを記しておきたい。

大豆の問題

農産物についての福島県による放射線量のモニタリング結果から、ソバは事故直後に、また大豆は事故から3年後には基準値を超えることはなくなった。しかしほかの作物と比較すると、事故直後には、これらには基準値よりも低いものの放射性セシウムが検出される場合があった。そのため、高濃度の放射性セシウムを含む大豆が栽培される危険性のある地域では、カリウムの施肥濃度の推奨値は、100グラムの乾燥土壌あたり、25ミリグラムではなく、50ミリグラムとなっている。日本の食用大豆はその4分の3が輸入品であるものの、イネと比較すると約5倍のたんぱく質、7倍の脂質を含むだけでなく、ミネラルにも富み、カリウムは8倍、カルシウムは20倍を超えるという高栄養価の作物であり、原発事故の少し前まで福島県では3千―4千ヘクタールで栽培されていた。

世界の穀物生産量の中で大豆は第4位を占める重要な穀物であり、原種地は中国東北部からシベリアにかけてといわれているが、原種はツル豆という茶色の硬い種子を作る品種である。大豆はほかの植物とは異なり、根粒菌と共生するという特徴を持っていて、根粒菌は大豆が吸収する窒素の50―80パーセントを供給している。一方、大豆から根粒菌へは、光合成で固定した炭素を供給している。そのほか菌根菌とも共生し、菌根菌は大豆にリンを供給している。

大豆の放射性セシウム吸収

このような特徴を持つ大豆がどのように放射性セシウムを吸収するかについて、二瓶らは飯舘村の圃場で大豆を育成し、種子への放射性セシウムの移行について調査を行った。

この場所は土壌表面（0―5センチ）の、放射性セシウム濃度は1万2千ベクレル／キログラムと高く、交換性カリウムを土壌100グラムあたり28ミリグラム含む土壌であった。2013年7月に大豆を育成しはじめ、収穫期まで数回、生育した大豆を採取して放射性セシウムを測定した。

図版2-9　大豆・地上部の放射性セシウム量

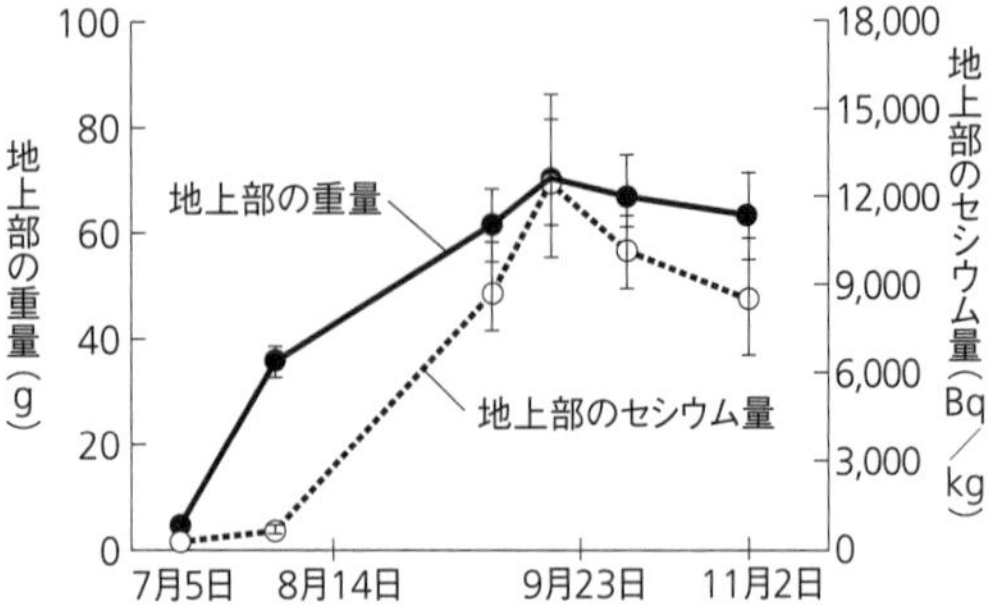

地上部の重さとセシウムの量は相伴った（提供：二瓶直登氏）

大豆は8月中旬に開花し、9月上旬に最大繁茂期となった。しかし圃場栽培現場では常にサル、イノシシ、ウサギなどとの戦いがあった。サルは大豆が熟したときに来てサヤの中の種子だけを食べていった。そのため、圃場を覆う、電流を通した網のフェンスは大豆の成長に伴って次第に大きくなった。そのような苦労を経て得られた大豆のデータである（図版2-9）。

生育過程では、地上部の放射性セシウム量は地上部重が増加するにしたがって増加した。9月を過ぎると地上部重の減少に伴って放射性セシウム量も減少に転じた。

最大繁茂期の大豆では、各組織における放射性セシウム濃度には大きな特徴があった。地上部では放射性セシウム濃度は葉が最も高く、この葉や茎よりもサヤの濃度が低かった。そして、地上部の組織と比較すると、根の側根と根粒における濃度が非常に高かった（図版2-10）。

図版2-10　大豆の部位別放射性セシウム濃度

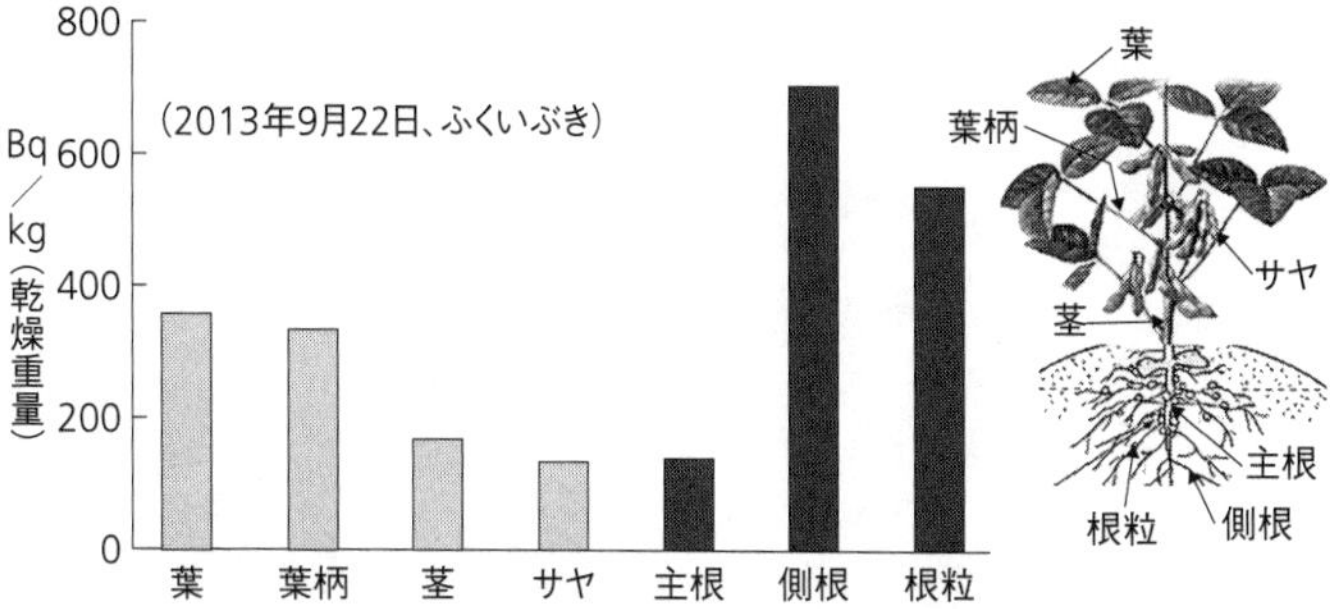

地上部の濃度は多い順に葉、茎、サヤとなった。地上部の組織と比べると、地下部、特に根の側根と根粒の濃度が特に高かった（提供：二瓶直登氏）

吸収の抑制

大豆の子実への放射性セシウムの移行が大豆の生育順で異なるとすれば、その時期の大豆の集荷を控えればよい。大豆の1個体では下の方に多くのサヤが形成されるので、サヤの採取時期や場所により、放射性セシウム量の少ない大豆が収穫できるかもしれない——そんな思惑から、大豆の下から上へ向かって層ごとにサヤを採取し、放射性セシウム濃度を測定したが、高さによる濃度の変化は見られなかった。

そこで、大豆中の放射性セシウムの低減に向け、次の手段として、放射性セシウムをあまり子実に蓄積しない品種があるかどうかを調べてみた。飯舘村の圃場で10種類の大豆品種を栽培して調べてみたが、栽培種の違いによる放射性セシウム濃度の差はあまりなく、最大でせいぜい2倍ほどであった。ただ、原種であるツル豆だけは、子実中の放射性セシウム濃度が高く、放射性セシウム濃

図版2-11　大豆とツル豆

大豆　　ツル豆

地上部写真提供：二瓶直登氏、子実写真：©2009 NBRP-Lotus/Glycine

度が最も低い栽培品種の4.5倍ほどであった。なお、ツル豆の栽培にはテクニックが必要で、例えば種子は日本の栽培品種と比較すると大きさは小さく茶色であるが（図版2－11）、非常に硬く、なかなか発芽しないため、ナイフなどで傷をつけて水を吸収しやすくしなければならない。

品種により放射性セシウム吸収量に大きな差がなかったので、次に濃度低減策として考えられることは、カリウムなどほかの養分施肥の効果で放射性セシウムの吸収を抑えることである。そこで、飯舘村の土壌を入れた育成ポットを用いて人工条件下で大豆の栽培を行い、地上部の放射性セシウム濃度を測定した。10アールあたり3キログラムのカリウムの施肥により、放射性セシウム濃度は30－40パーセントほど減少したものの、カリウム濃度を増やしてもそれ以上の効果は見られなかった。

そこで窒素の施肥効果を調べたところ、窒素、特に硝酸アンモニウムである硝安《しょうあん》の添加により、大豆中の放射性セシウム濃度は2.5倍ほど高くなった。アンモニウムイオンが土壌に入ると土壌と結合しているセシウムを追い出し、土壌とアンモニウムイオンが結合するので、遊離したセシウムイオン量が増加し、大豆がそれらをより多く吸収することになったものと考えられる。ただ、窒素の添加で放射性セシウム吸収が高くなるということは、吸収を抑える方法として現在大きく着目されているカリウム施肥の効果が、窒素肥料の添加によって損なわれかねないということも示唆している。

大豆に吸収された放射性セシウムは根、特に根粒で側根と同様に高かったとはいえ、圃場で栽培した大豆の根粒中の放射性セシウムの分布を詳細に調べるのには濃度的には低すぎる。このため、実験用として根粒中の濃度が高くなるよう、放射性セシウムを添加して水耕栽培で大豆を育成した。そして大豆の根粒を付けた根の部分を切り出し、スライスしてイメージングプレートに載せ、内部の放射性セシウム分布を調べてみた。

図版2－12の左側は、根粒、主根、側根の生えた場所をスライスし、イメージングプレートで得られた放射線像を、顕微鏡下で得られた像に重ね合わせたものである。根粒には、表皮ではなく内部に放射性セシウムが蓄積されていた。このことから、根で吸収された放射性セシウムが維管束《いかんそく》（水分と養分の通り道）を通って根粒内部に蓄積したのではないかと考えられた。

もし、根が吸収した放射性セシウムが根粒に蓄積され、地上部にあまり移行しないとすれば、

図版2-12　大豆の根の内部の放射性セシウム分布

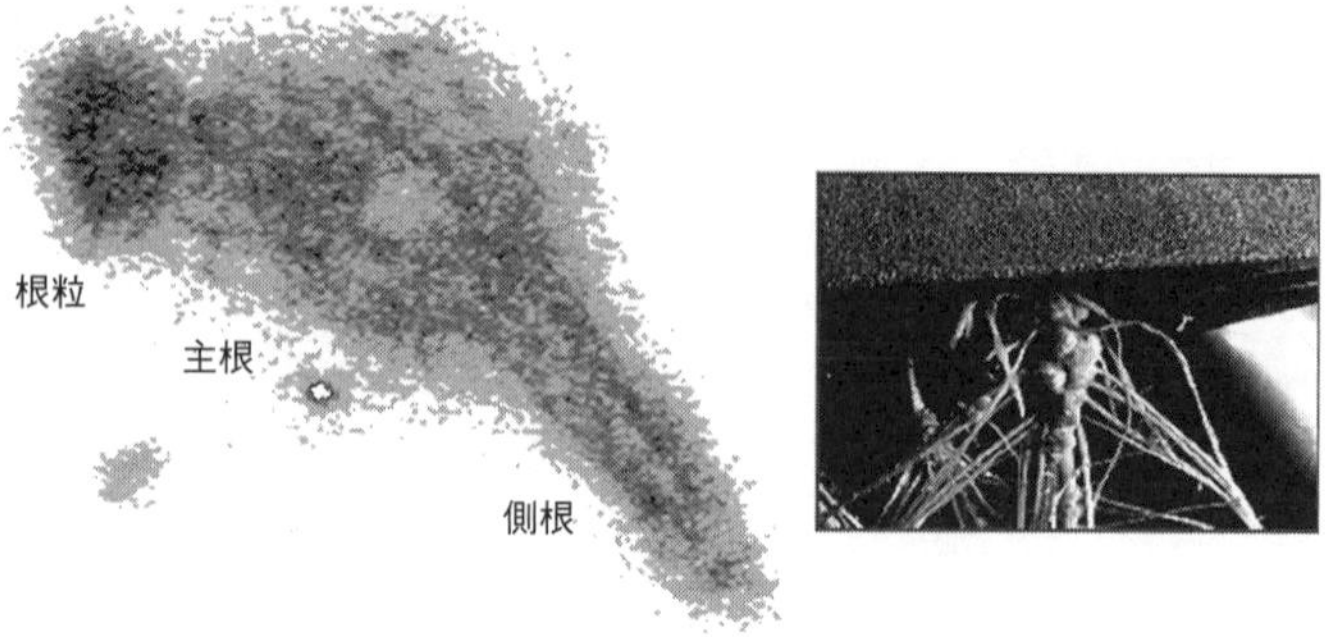

根粒（右）をスライスしてイメージングプレートで見ると、根粒の表皮ではなく内部に蓄積されていた。色の濃い部分が濃度が高い（提供：二瓶直登氏、セシウム分布図作成：原清人氏）

子実中の放射性セシウム濃度を低くすることができるかもしれない。そこで、2カ所の圃場を用いて根粒の着生量（数×重さ）と地上部への放射性セシウムの移行係数との関係を調べた。すると、根粒の着生量が多いほど、放射性セシウムの地上部への移行量は少なくなるという結果が得られた。

つまり、根が吸収した放射性セシウムを根粒が蓄積して、地上部への移行をブロックする役目を担っているようであった。しかし、根粒が着生しない根を持つ大豆で調べたところ、放射性セシウムの地上部への移行は根粒を着生させる大豆と同様であった。つまり、根粒には放射性セシウムの地上部への移行を抑制する効果は残念ながら見られなかったので、放射性セシウム吸収に対する根粒の役割については今後、さらなる検討が必要である。

大豆とイネの吸収比較

大豆は重要な穀物であることから、なぜ種子中の放射性セシウム濃度が高くなる場合があるのかについて、さらに検討が行われた。そして、種子中の蓄積量が高くなる原因のひとつに、大豆の生育段階におけるセシウムの吸収に問題があることが分かった。

大豆では放射性セシウムを吸収する期間が長く、生育段階の半ば、サヤができ始めてから（着莢《ちゃっきょう》期）も放射性セシウムを吸収している（図版2－13）。そして着莢期に吸収した放射性セシウムの吸収量の割合も高く、50パーセント以上となっていた。この様子をイネの場合と比較すると、イネの放射性セシウム吸収は穂が出る前にほとんど終わっており、出穂期の後に吸収される放射性セシウムは、植物全体に吸収されるうちの10パーセントほどである。つまり種子が形成される時期には、放射性セシウムの新たな吸収がほとんど見られない。一方、大豆の子実に蓄積される放射性セシウムは、植物体全体に蓄積される量の40パーセント以上となった。

なぜこのような差が生まれたのだろうか。その理由のひとつは子実の構造にある。イネと大豆の子実の構造は大く違っており、大豆の種子はその大部分は子葉であるが、イネの場合には大部分が胚乳である。そこで、これらの種子中でどのように放射性セシウムが分布しているかを調べるため、放射性セシウムを添加した水耕栽培で両方の植物を育成し、採取された種子をスライスしてイメージングプレートに貼り付け、放射性セシウム像を得た。すると、図版2－14に示されるように大豆では種子全体に一様に放射性セシウムが分布していたが、玄米では種皮と胚芽に

図版2-13　大豆とイネへの放射性セシウムの吸収時期と蓄積率

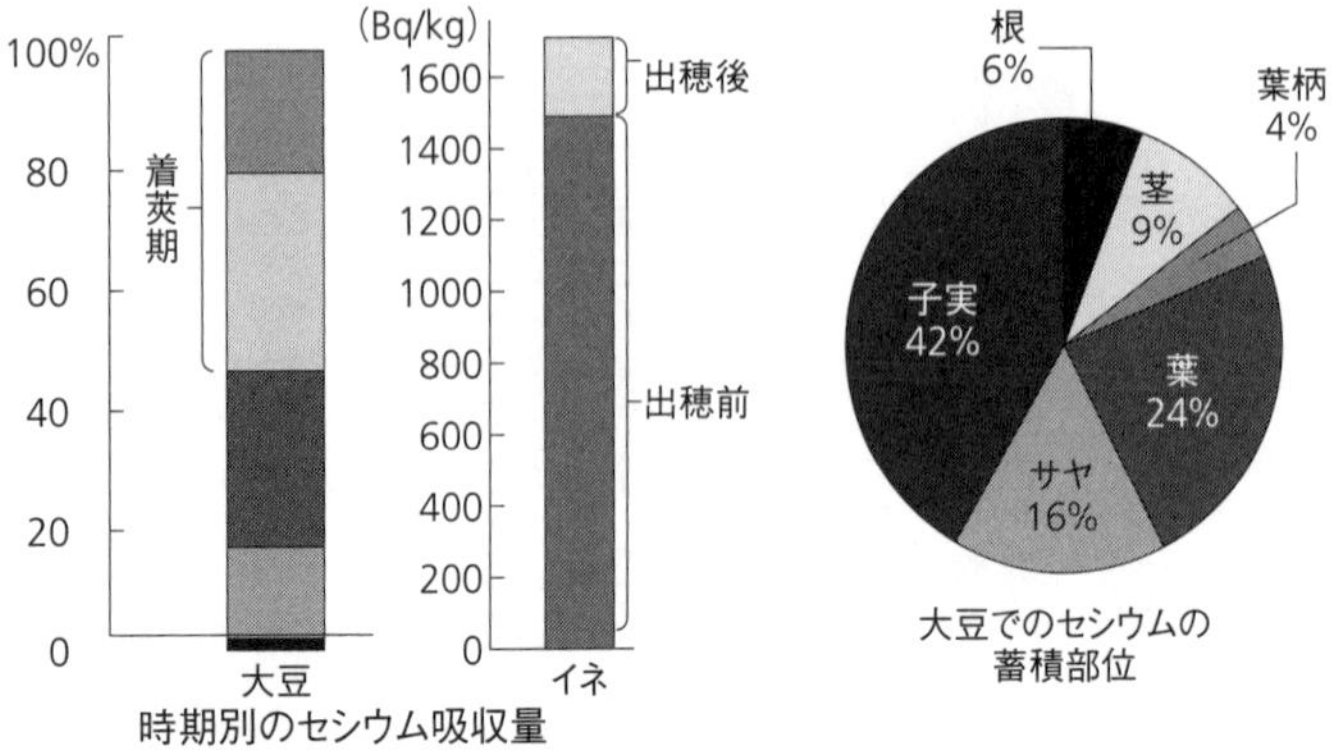

イネの吸収は主に出穂前（中図）で、子実（コメ）への蓄積は吸収量の10－20％程度である。大豆ではサヤが付き始めてからの吸収が約50％を占め、子実への蓄積は吸収量の約42％であった（提供：二瓶直登氏）

図版2-14　大豆とイネの子実中の放射性セシウム分布像

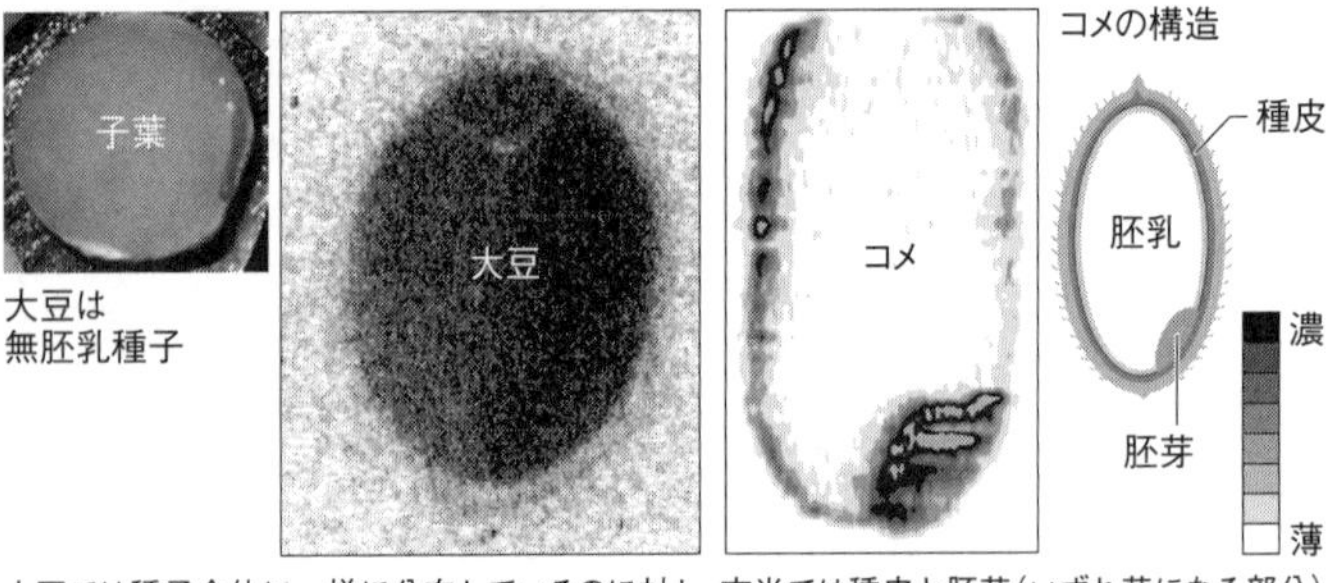

大豆では種子全体に一様に分布しているのに対し、玄米では種皮と胚芽（いずれ芽になる部分）に集中している（提供：二瓶直登氏・廣瀬農氏、セシウム分布図作成：原清人氏）

集中していた。

このことは、もし汚染米があっても、食べる際には放射性セシウムの濃度をかなり減らせることを意味する。まず、玄米を精米して種皮部分（ぬか）を除去するが、残ったコメに含まれる放射性セシウム濃度は、その段階で約半分になる。（一方、除去したぬかの放射線量が非常に高いことには注意が必要である。）そして、精米したコメをすぐに洗浄すると、放射線量はまたその半分に減少する。さらに、このコメを炊き上げる場合には、水を加え、加熱して膨潤させるため、ご飯となったコメ中の放射性セシウム濃度はさらに半減すると予想される。

図版2-15　玄米・精米・洗浄米における汚染

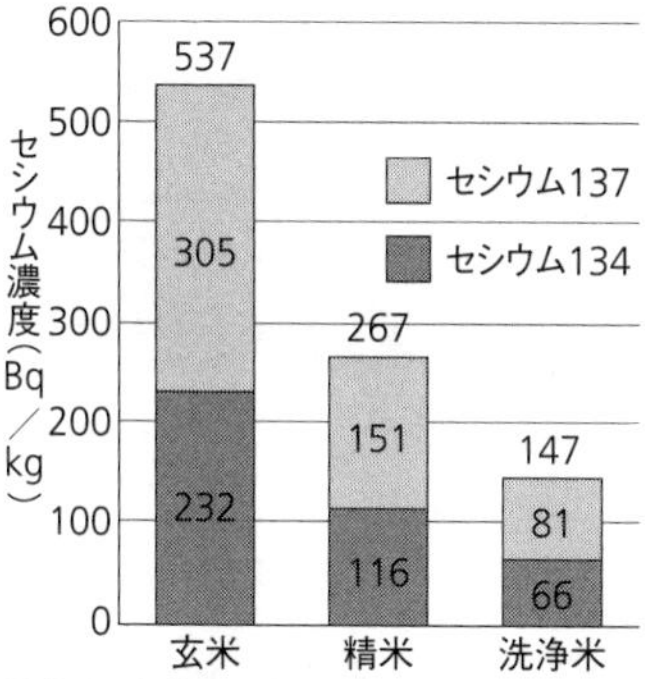

精米すると半分に減り、洗浄すると4分の1近くまで減少した。炊くとさらに減ることになる（提供：田野井慶太朗氏）

実験で検証した、①精米、②洗浄のプロセス（図版2－15）ならびに、③炊飯時の予想を考え合わせると、放射性セシウム量は3段階で減少するので、実際のご飯では放射性セシウム濃度は玄米の8分の1ほどに減ることになる。

玄米中の放射性セシウムの分布をさらに詳細に可視化できるミクロオートラジオグラフィという手法を用いて調べてみたので、参考までに簡単に紹介しておこう。これは、玄米をスライスして写真フィル

図版2-16　玄米中の放射性セシウムの分布の詳細

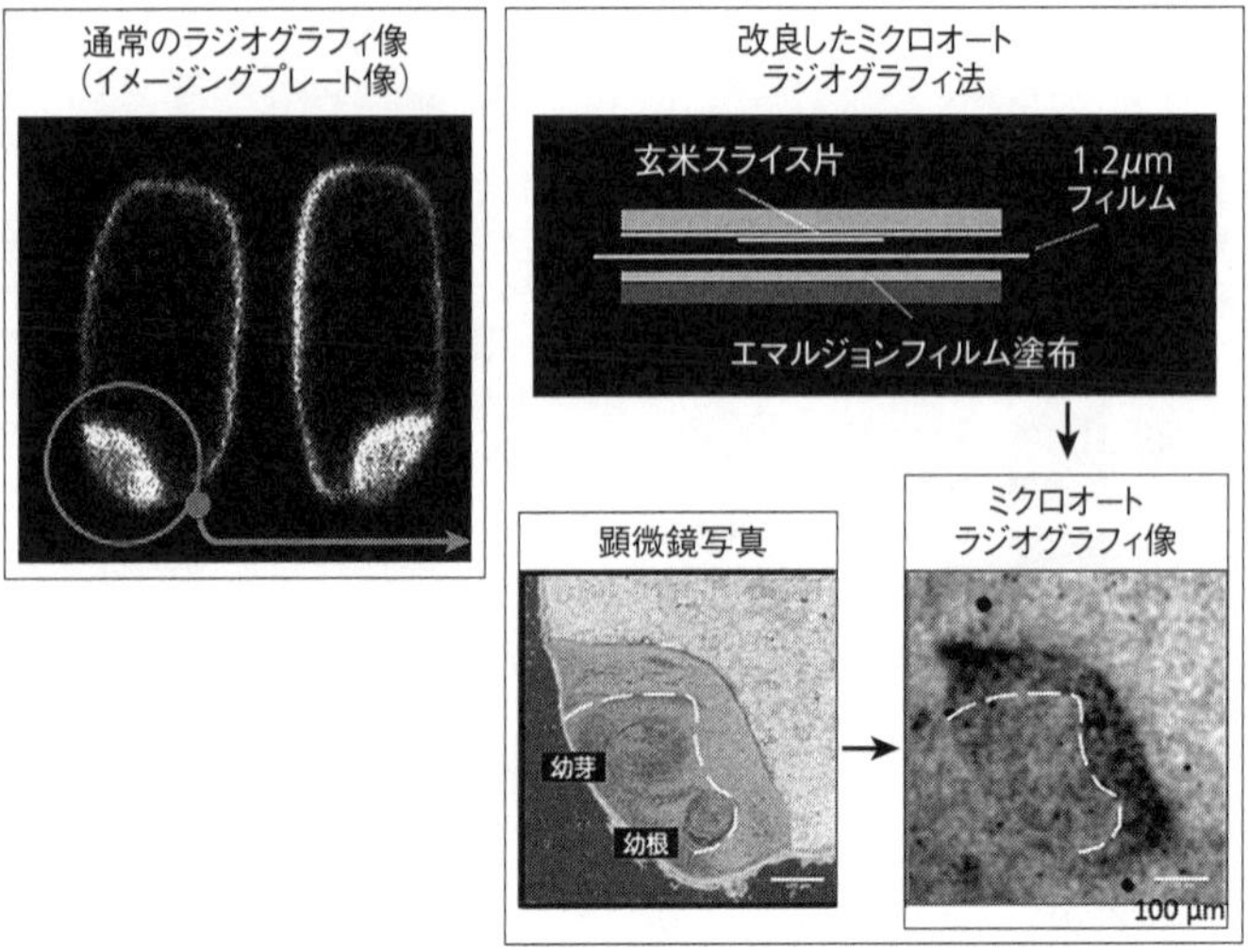

ミクロオートラジオグラフィで見ると、幼芽と幼根への蓄積は少ない（提供：廣瀬農氏）

ムに使うような乳剤を塗り付け、しばらく置いておくと塗った膜の上に放射線で感光された像ができることを利用した方法で、通常のイメージングプレートを使った方法よりも分解能が向上する。

この方法を図版2－16のように、さらに改良した。すなわち、スライスした玄米と乳剤（エマルジョンフィルム）の間に薄いフィルムを挟んで、より精細な像を得られるようにしたのである。このように改良した方法で調べてみると、胚芽部分での放射性セシウムの蓄積は、幼芽と幼根が少なく、むしろその周辺で多くなっていることが分かる。次世代をきちんと育てるため、植物では、最も若い組織への重金属やウイルスの侵入を防いでいることが多い。放射性セシウムの量は少ないとはいえ、溶液濃度が1ミリモルという水準を超えると大豆の生育は確実に悪くなる。植物は自分にとって害のあるイオンを、一番大切な場所へは蓄積させないことで、次世代を守っているのではないかと考えられる。

ソバの問題

大豆と同様、放射性セシウムがごく微量ではあるが検出されるソバについても少し触れておきたい。ソバにどのように放射性セシウムが吸収されるかについては、茨城県笠間市の東京大学農学部附属牧場で2013年から4年間、福島県飯舘村で2015年から2年間、調査研究が行われた。牧場の土壌中の放射性セシウム濃度は約100ベクレル／キログラムとかなり低かったことから、ソバの種をまく前に家畜糞尿や牧草を毎年堆肥として散布し、放射性セシウム濃度を約500ベクレル／キログラムにまで高めて栽培を開始した。

ソバの実（子実）中の放射性セシウムの濃度は、汚染堆肥を4年間連用しても徐々に減少していき、増加しなかった（図版2−17）。ただ、4年目のソバでは、汚染堆肥の散布量を10アールあたり0トン、1トン、5トンと変化させると、放射性セシウム濃度は子実では増加しなかったものの、ソバの地上部では増加することが分かった。つまり、この4年間、施肥により土壌中の交

図版2-17　汚染堆肥を使ったソバの実に含まれる放射性セシウム

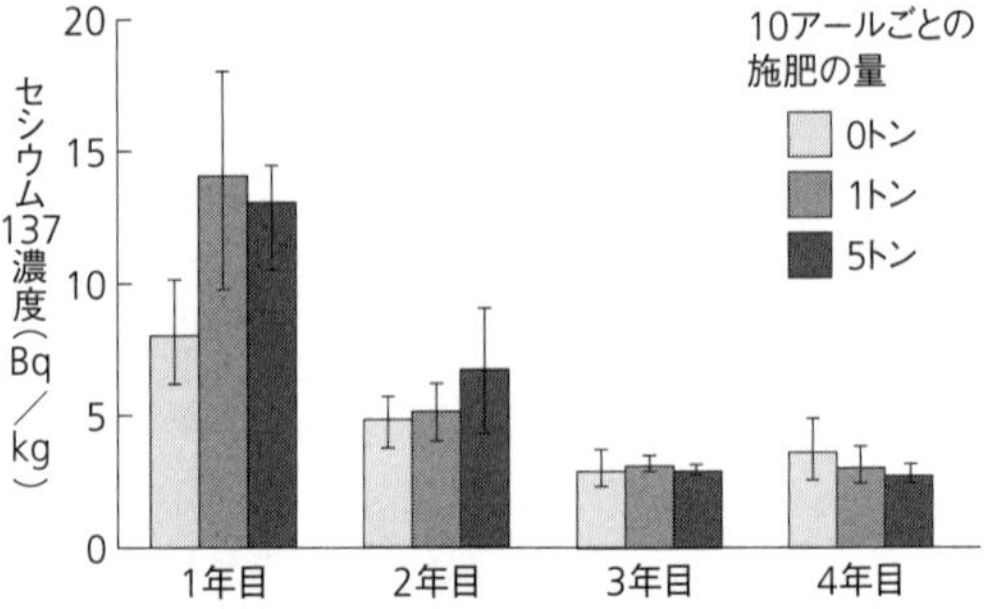

子実中の放射性セシウム濃度は減少傾向にあった。汚染堆肥を4年連用したが増加は見られなかった（提供：二瓶直登氏）

換性の放射性セシウム、つまり植物に吸収されやすい放射性セシウムの量は増えた。そして、土壌からソバに吸収された放射性セシウム量は年を追うごとに多くなったものの、ソバの植物体中では子実以外の組織に蓄積されたのである。

生育期間中、ソバがどのように放射性セシウムを吸収するかを調べるため、各生育段階におけるソバを採取して調べた。その結果、生育初期に放射性セシウム濃度が大きく増加するものの、その後はほとんど増えないことが分かった。

これらの結果を考え合わせると、ソバは放射性セシウムの吸収量が増えても子実への移行はブロックされており、年々そのブロックが強くなるとしか思えなかった。ただ、この結果は事故直後にソバの子実に微量の放射性セシウムが残った例を説明することはできず、放射性セシウムの化学形態などさらにほかの要因を調べる必要がある。

飯舘村では、落葉から調製した放射性セシウム濃度の高い堆肥を施肥して、土壌の放射性セシウム濃度を1450キロベクレル／キログラムまで増加させた土壌を用いたが、ソバ子実中の放射性セシウム濃度は増加しなかった。そして笠間市の牧場と同様、土壌中の放射性セシウム濃度が高くなることが確かめられた。

土壌から作物への放射性セシウムの移行については、多くの検討が報告されている。直接汚染された麦（1千ベクレル／キログラム）を土壌と混合してコマツナを栽培した例では、黒ボク土（畑に多い土）の方が、灰色低地土壌（水田に多い土）よりも移行係数が低くなることや、土壌の化学的性質や粘土組成などと移行のしかたとの関係も知られている。一方、作物生産には施肥が必要であるが、施肥の方法と移行との関係についてはあまり知られていない。

四　動物の汚染から有畜循環型農業へ

汚染の連鎖を断ち切るために

原発事故による放射性核種の飛散は牧畜にも大きな影響を与えた。

まず、牧場ではフォールアウトの直接汚染により、牧草地、資材・飼料・家畜などが汚染されたため、除染や除去作業は作物栽培をしている農家と同様に行う必要がある。実際、牧草地を何回も耕起（土を掘り返して耕すこと）すると、土壌の放射性物質の汚染濃度が低くなっていくことが確かめられている。これは汚染した表土が下方の非汚染土壌と混合し、放射性物質が薄まっていくからである。

また、家畜そのものについて考えてみると、家畜は家畜舎内だけでなく屋外の牧場でも飼育される。そのため家畜舎内で供与する飼料だけでなく屋外の牧草や水なども体内に取り込むことになる。そして除染が行われないかぎり、畜産の現場では定常的に糞尿や敷き藁《わら》などの二次汚染物が増え続けることになる。

家畜の健康を考えた際、放射性核種だけが問題になるわけではない。野外の牧草地では、作物栽培地の土壌と同様、放射性セシウムの濃度を下げるためカリウムを施肥するが、土壌中のカリウム濃度が高くなるとそこで育つ牧草中のカリウム濃度も高くなる。しかしカリウム濃度の高い牧草は家畜に健康被害をもたらすため、牧草中のカリウム濃度についても常に配慮しなければならない（本章第二節参照）。

このように畜産業の現場では、汚染された土壌により汚染された牧草が生育し、それを家畜が食し、汚染された糞尿がまた土壌に戻る、という汚染の連鎖が予想される。そして汚染された糞尿は、有害な病原性微生物などの繁殖の温床となりかねないことにも注意しなければならない。

本来、家畜の糞尿は飼料の残りや使用済み敷き藁などの資材と一緒に発酵させると、堆肥とし

図版2-18　持続的な牧場経営のための循環型牧畜

提供：眞鍋昇氏

て使用していくことができる。常に増え続ける糞尿や牧畜資材には適切な処理作業が求められるが、これらを堆肥に加工し、その堆肥を用いて牧草や作物を育成し家畜の飼料として再び利用することができれば、「有畜循環型農業」を形成することができる。

さて、汚染された糞尿を使う循環型畜産業に必要なのは、①汚染された農畜産廃棄物を適切に殺菌し容量を小さくすること、②生成された堆肥を施肥して育成した作物の安全確認、つまり放射性セシウム濃度の確認が求められる。そして何よりも、放射性セシウム濃度がこの循環系でどのように変化していくかを調べる必要がある。

そこで眞鍋らは、放射能汚染の処理から

持続的牧場経営をめざした研究開発に取り組んだ。原発から南西約130キロに位置する、前述の東大農学部の附属農場で、堆肥作成を基軸とした実証研究を始めたのである。そのコンセプトは図版2－18の通りである。

ヤギとウシの体内汚染

まず、動物は汚染飼料によりどのくらい汚染されるかが調べられた。

シバヤギを用いた実験では、汚染された牧草飼料を10カ月間給与したのち、解剖して各臓器における放射性セシウム濃度を測定した（図版2－19）。その結果、放射性セシウムの濃度は筋肉や腎臓に高く、次に肝臓や脾臓《ひぞう》、その次に精子や卵巣となり、血液の濃度が最も低かった。この傾向は性別や年齢に関係はなかった。

次にウシについて、飼料による体内汚染の状況を調べた。飼料の調製にあたり、汚染した牧草をプラスチックフィルムで包装し嫌気環境（空気が不十分な状態）下で発酵させてヘイレージ（低水分の発酵飼料）を作成した。この汚染したヘイレージ（1500ベクレル／キログラム）を乳牛に10キログラムずつ、3週間給与し、その間とその後の3週間、血液、原乳、糞尿を採取して放射性セシウムの濃度を測定した（図版2－20）。

図版2-19　家畜の飼料、体内、糞尿の汚染

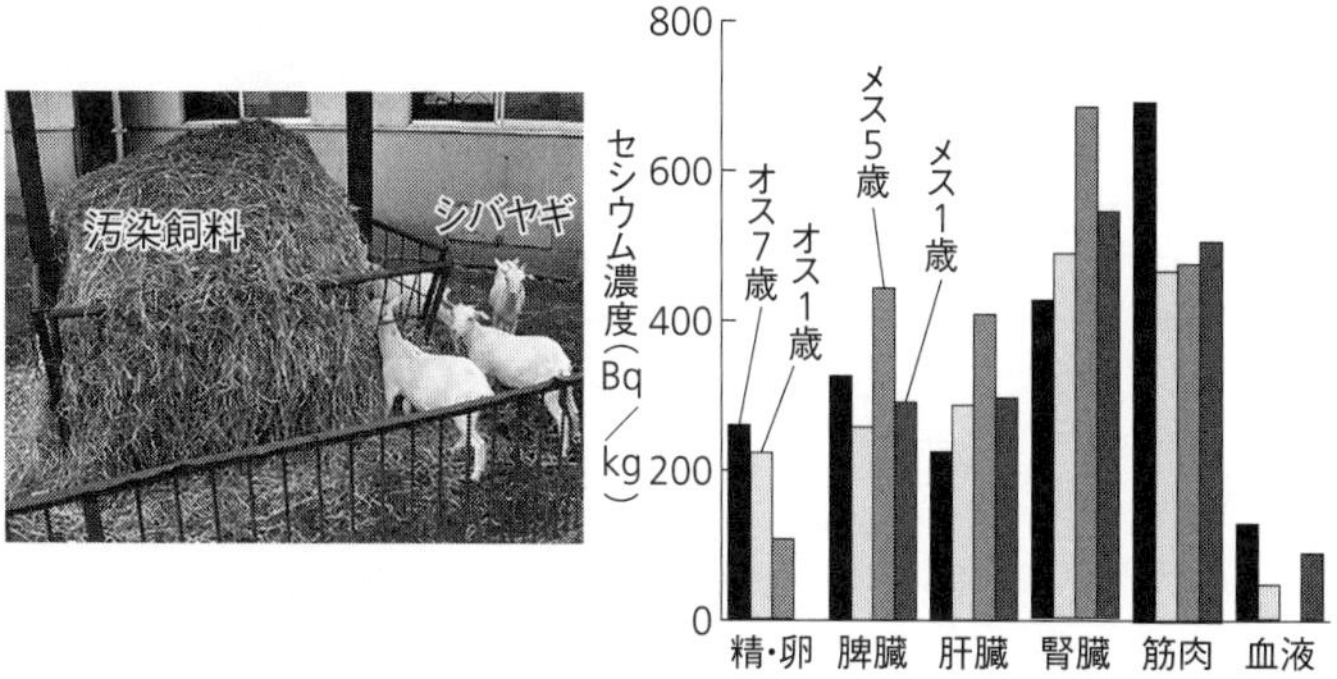

シバヤギで調べた。2011年に収穫した汚染飼料を10カ月にわたって自由給与し、その後、解剖した。放射性セシウムのレベルは大きい方から筋肉・腎臓、肝臓・脾臓、精子・卵巣、血液となった。性別と年齢に関係はなかった（提供：眞鍋昇氏）

図版2-20　ウシの汚染調査

提供：眞鍋昇氏

その結果、図版２－21に示されるように、血液中の放射性セシウム濃度は極めて低く、シバヤギと同様の測定結果となった。次に原乳中の濃度について

図版2-21　ウシの汚染とその減少

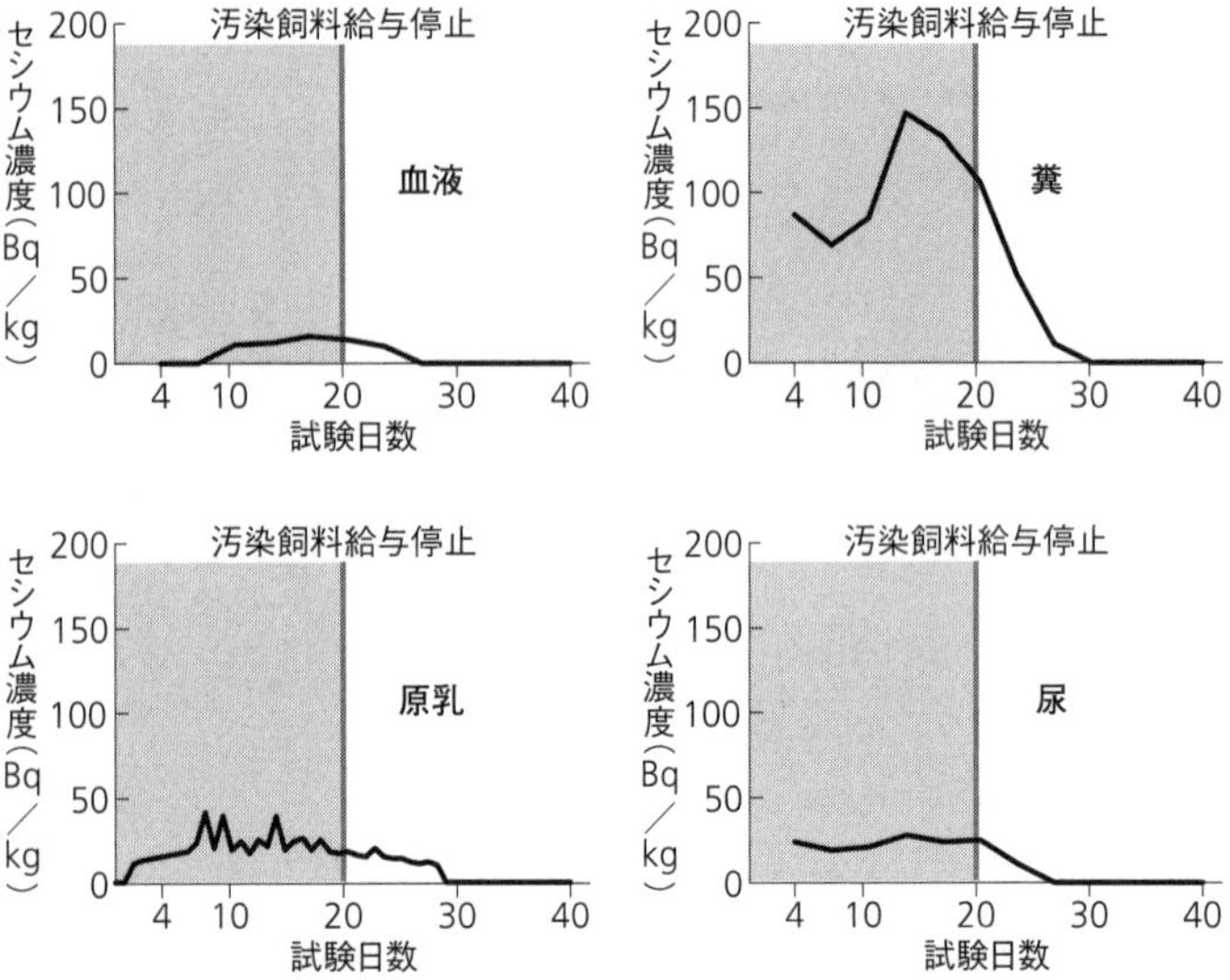

血液と原乳、また尿では放射性セシウム濃度は低く、糞では高かったが、いずれも10日ほどで検出限界値を下回った（提供：眞鍋昇氏）

調べてみると、食品の規制値である100ベクレル／キログラムの約半分以下と低く、尿の濃度と同等かそれよりも低い傾向を示した。これらの値と比較すると糞中の濃度が極めて高かった。

しかし、これら全ての試料中の放射性セシウム濃度は、汚染飼料の給与が停止した3週間後からは徐々に減少し、1週間から10日ほど経過すると放射性セシウムはほとんど検出されなくなった。この結果は、放射性セシウムで汚染された飼料を食べても、そのほとんどは糞尿や原乳として体外に排出されること、また、汚染飼料を食べている間だけ放射性セシウムは検出されるものの、通常の飼料に戻すと徐々に放射

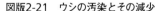

性セシウムは代謝され、なくなっていくことを示している。つまり、セシウム137の「物理学的半減期」は30年であるものの、生物体内での「生物学的半減期」は非常に短く、数日―数十日ほどであることが示唆された。

イノシシの肉を調べる

福島県は営農再開に向け段階的な流れを示しているが、第一段階として、除染後の農地の保全管理と併せ、鳥獣被害の防止を挙げている。そこで、野生動物の汚染について簡単に紹介したい。まず、事故後半年経った時点で牧場から逃げ出したウシとブタを捕獲し、放射性セシウム濃度が測定された。その結果、ブタの方がウシよりも全体で2倍以上、濃度が高かった。特に卵巣と筋肉でウシよりも3―4倍高い値が確認された。血中や尿中の放射性セシウム濃度は、両動物とも低かった。

野生のイノシシは畑を荒らすことで知られるが、ブタと行動様式が似ている。イノシシに荒らされた後はまるで人が耕作をしたかのように圃場全体がひっくり返されているが、そのような光景をよく見かけるようになった。イノシシは鼻で土を掘り返すため、ほかの動物と比較して土壌表面に蓄積した放射性セシウムを口から取り込みやすくなっているのか、野生動物の中では体内汚染が高い。

そこで、イノシシ体内のどこが、どのように汚染されているかを調べた。イノシシ鍋で食べるのは筋肉であるが、もし血液の中の汚染濃度と筋肉の中の汚染濃度との比が一定であれば、血液の測定値から筋肉中の放射性セシウム濃度を推測できるかもしれないと期待された。２０１２年に6頭を捕獲して安楽死させたのち、各臓器中の放射性セシウム濃度を測定した（図版2−22）。

期待した血中濃度であるが、筋肉中の濃度との一定の関係は見いだせなかった。血中濃度は直近に摂取した食べ物に大きく依存していた。イノシシは人間にとって害獣であることから数を一定に抑える必要があるものの、肉に放射性セシウムが含まれることから食肉にすることができない。その一方で現在、イノシシの数が増えて被害も増加している状況である。

なお、福島第一原発から20キロ以内で105日間飼育されていたブタを、笠間市の東大農学部附属牧場に運び、汚染状況や健康状態を調べ、交配させて次世代および3世代目のブタの放射能の影響も調べた。その結果は、運び入れたブタのみならず、2世代目、3世代目のブタには異常が見られなかった。

図版2-22　イノシシの汚染

	イノシシ No.	成体・若齢	性別	備考
①	20121125-01	成体	メス	出産未経験
②	20121125-02	成体	メス	出産未経験・胃のただれあり
③	20121125-03	若齢	オス	
④	20121125-04	若齢	オス	
⑤	20121125-05	若齢	メス	胃潰瘍
⑥	20121129-01	成体	メス	出産経験あり

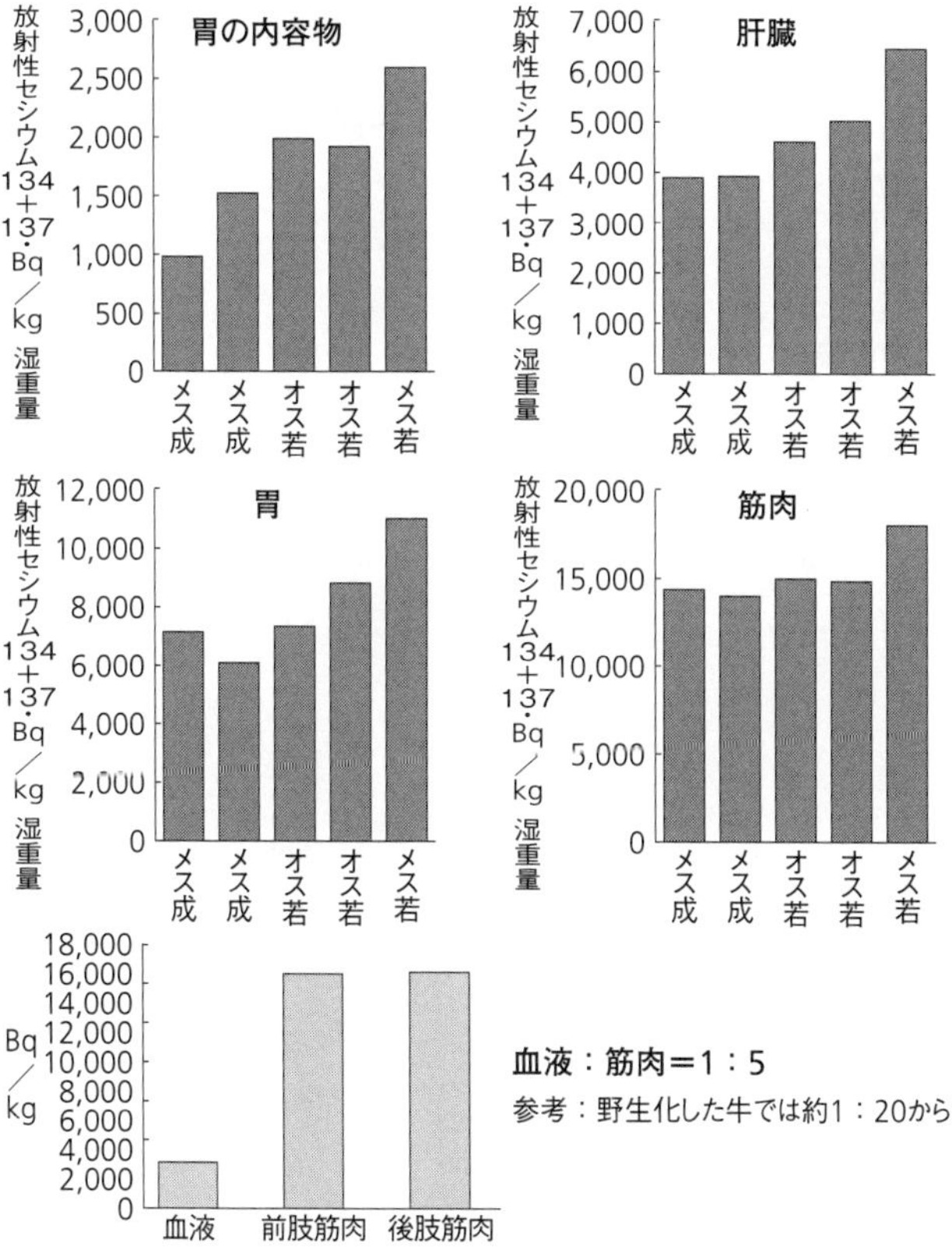

血液：筋肉＝1：5

参考：野生化した牛では約1：20から1：30

6頭を捕獲して調べた。①－⑤のイノシシの個体間での差が大きかった原因は食べ物の違いかと推測された。⑥のイノシシの筋肉には血液の5倍程度の汚染があった（提供：眞鍋昇氏）

図版2-23　堆肥の作成

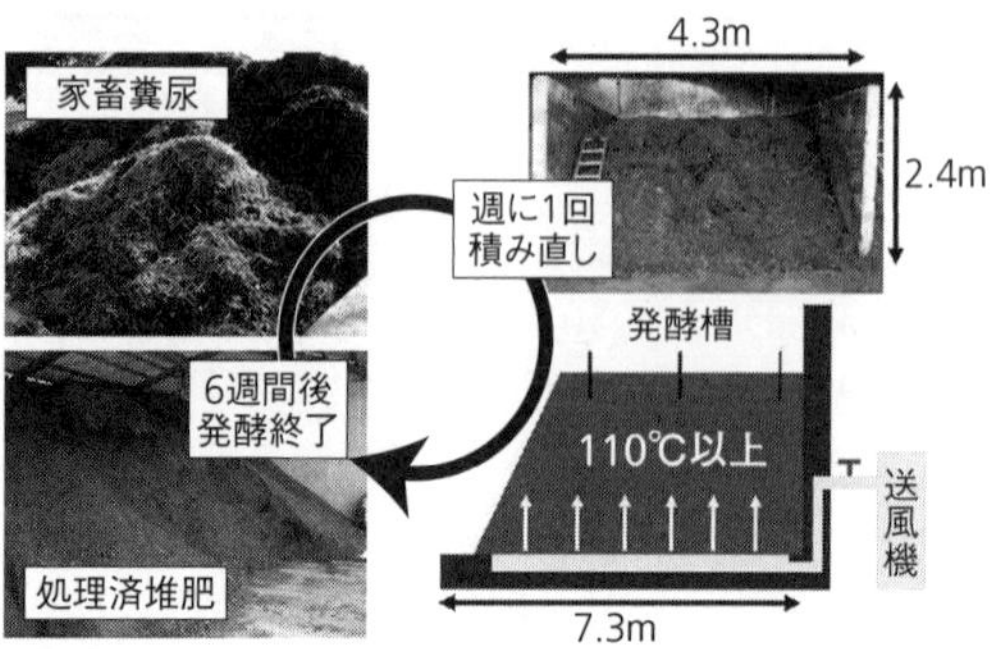

提供:眞鍋昇氏

堆肥づくりと施肥

循環型農業を遂行するためには、次の段階として、この汚染した糞尿を用いた堆肥を作る必要がある。そこで附属牧場では、安定して110度以上の発酵温度を維持できる「好気性高温発酵装置」が作成され実証実験が行われた（図版2-23、2-24）

発酵槽（7.3メートル×4.3メートル、高さ2.4メートル）に農畜産廃棄物と家畜の糞尿をほぼ同量ずつ、毎週積み増ししながら搬入し、次に地下に設置された送風機で風を送りながら110度以上で6週間好気環境（空気が十分ある状態）下で発酵させた。高温で攪拌され発酵が進むにつれて水分が減少して体積が小さくなり、堆肥はさらさらになっていった。高温で発酵を続けたため、できあがった堆肥に病原性微生物は検出されなかった。

次に、このようにして生成した堆肥を用いて作物の生育試験が行われた。堆肥の放射性物質の規制濃度値は400ベクレル／キログラムであることから、規制値に近い濃度で汚染させた土壌を用いた実験で検証を行うこととし、規制値の倍、また規制値よりも少し低い濃度で汚染された土壌を用いることとした。消費者としては、規制値に近い値の汚染土壌で栽培された作物の汚染状況から安心感が得られると考えたからである。そこで、高濃度（約900ベクレル／キログラム）、と

図版2-24　放射能の測定

左：ヘイレージからサンプリング、右：できあがった堆肥からサンプリング
（提供：眞鍋昇氏）

図版2-25　1立方メートルポット（左）とナスの栽培（右）

提供：眞鍋昇氏

図版2-26　ジャガイモ（左）とハス（右）の栽培

提供：眞鍋昇氏

低濃度（約300ベクレル／キログラム）で汚染された土壌を用いて、栽培実験が行われた。

高濃度で汚染された土壌で1立方メートルごとのポットを作り土壌に埋め込んでナス、トウモロコシ、大豆、ショウガを栽培し（図版2－25）、低濃度汚染土壌は土地を囲って水を導入し、ジャガイモは露地栽培、ハスは水耕栽培ができるようにした（図版2－26）。

2013年4月から10月まで、これらの栽培された作物を定期的に採取して、葉、茎、根に分けて放射性セシウム濃度を測定したところ、全ての作物において、全ての組織の放射性セシウム濃度が20ベクレル／キログラム以下と、非常に低い値であった。

殺処分を減らすためのクリーンフィーディング

放射性物質をトレーサーとして、有畜循環型農業の可能性が示されたが、次に、家畜が体内から放射性物質を排出できることをきちんと示す必要がある。動物体内が放射性物質で汚染された場合、汚染されていない飼料を給与することで放射性物質を排出させることをクリーンフィーディングと呼ぶ。もしクリーンフィーディングによって汚染が除去されれば、汚染された動物をむやみに殺処分する必要がなくなるのである。

草食動物についてはウシやヤギのデータはあるもののウマについての知見はほとんどない。そ

図版2-27　ウマのクリーンフィーディング実験

清浄ヘイレージ 4週間	汚染ヘイレージ 8週間	清浄ヘイレージ 2·4·8·16週間

放射性セシウム汚染ヘイレージの給与：
4,800Bq/kg（480Bq/kgx10kg/日/頭）

清浄飼料を8週間給与すれば、体内汚染レベルは検出限界以下まで低下（提供：眞鍋昇氏）

の理由のひとつとしては、欧米では馬肉をほとんど食べないことが挙げられるかもしれない。ウシ、ヤギ、ヒツジなど多くの草食動物家畜は大きな胃の中で飼料が発酵し代謝されていくが、ウマは大腸が大きく、食べ物が蓄積して発酵するというのとは異なる代謝経路を持っている。そのため、放射性セシウムの吸収と代謝経路に特徴が見いだせるかもしれないと考えられた。

　眞鍋らによる、ウマの放射能汚染物質の影響についての調査研究を紹介したい。体重が約400キログラムのウマに、汚染したヘイレージを４８００ベクレルずつ（１日１頭あたり480ベクレル／キログラム×10キログラム）、８週間給与した（図版2－27）。その間とその後、約１カ月ごとに血液と糞の中の放射性セシウム濃度を測定し、さらに汚染飼料を供与してから約8週間後と、非汚染飼料を供与してから約6週間後、14週間後、30週間後に筋肉中の放射性セシウム濃度を測定した。

　その結果、まず、汚染飼料を供与しても血液中の放射性セシウム濃度が極めて低く維持されていたことが分かった。それも、ほとんど検出できないレベルであった。筋肉中の放射性セシウム濃度は100―150ベクレル／キログラムであり、糞中の濃度は250ベクレル／キログラムほどであった。ただ、筋肉中の放射性濃度が高いウマの方が糞の濃度が低い傾向も見られ、代謝が進んでいないウマの方が糞の中への放射性セシウムの移行量が多く筋肉中に少なくなっているとも考えられた。しかし個体差もあり、非汚染飼料に替えてから約1カ月後でも、わずかではあるが筋肉中に放射性セシウムが検出されたウマもいた。ウマの場合はウシやヤギと比較して体に放射性物質が蓄積し始めるのは遅いものの、抜けていくのも遅い傾向があった。

図版2-28　ヒツジのクリーンフィーディング実験

清浄飼料を3カ月(12週)間給与すれば体内汚染レベルは検出限界以下まで低下

図版2-29　食品の基準値

飲料水	10
牛乳	50
乳児用食品	50
一般食品	100

単位：Bq/kg

出典：食品衛生法に基づく「放射性物質基準値」

図版2-30　飼料の基準値

牛(乳・肉)飼料	100
馬(肉)飼料	100
豚(肉)飼料	80
鶏(卵・肉)飼料	160
養殖魚(肉)飼料	40

単位：Bq/kg

出典：農林水産省消費・安全局長、生産局長、水産庁長官通知

これらの結果を総合すると、ウマの場合には非汚染飼料（清浄飼料）を8週間給与すれば、体内の汚染レベルは検出限界未満まで低下することが示された。

ほかの家畜、ヒツジの場合（図版2－28）には、12週間のクリーンフィーディングで、血液、大腰筋、大腿四頭筋、肝臓・膵臓、腎臓、精巣・卵巣など体内各部位の汚染レベルは検出限界以下になることを確認している。またウシの場合にはもっと短く、3週間の汚染飼料供与後、清浄な飼料を供与すれば原乳は10日ほどで速やかに下がるという実験結果を得ている（前出図版2―21）。ウシの場合、汚染飼料から清浄な飼料へ替えると、血液中の放射性セシウム濃度は原乳よりももっと速やかに減るが、筋肉中の減り方は原乳よりも長い期間が必要である。このように家畜の種類によって、一度体内に取り込まれた放射性セシウムが体外に排出されるまでの期間は異なるものの、クリーンフィーディングは可能、つまり、一度汚染された家畜でも非汚染飼料を供与すれば体内の放射性汚染物質を検出限界以下にまで減らすことができるのである。

ちなみに食品中の放射性セシウム濃度の基準値ならびに飼料の基準値（2012年4月1日以降）を図版2－29と2－30に示した。これらの規制値は2012年に決められたものであるが、調査研究結果を基に基準値の見直しを検討することが望まれる。

第三章

果実への蓄積と二次汚染――セシウムは植物内でどう動くか

福島県は全国でも有数の果樹生産量の多い県である。特にモモの栽培面積は２０１０年には全国2位に位置していた。果物の生産量についてもモモは全国第2位、ナシは3位、カキは4位、リンゴは5位、オウトウ（黄桃）は6位であり、特にカキでは、干し柿（あんぽ柿）の生産量が全国で最も多い県となっていた。

福島県では事故後2年目には全ての果樹園の果樹47万本の除染作業が終了し、安全な果実生産を図ってきた。原発事故からほぼ10年が経ち、モモの出荷量は事故前近くまで回復してきたものの、価格はまだ15パーセントほど低く、ほかの農産物と比較しても低い水準で推移している（「令和元年度福島県産農産物等流通実態調査」報告書概要）。

福島第一原発事故で飛散した放射性物質は福島県の果樹地帯のほぼ全域に拡がり、そこでは全ての果樹が汚染された。果樹の汚染状況や除染については森林の樹木と同様に捉えられがちであるが、果樹が生育するのは農地であり、人の手が入るところである。また、果樹園は病害を防ぐため落葉は除去される場合も多く、森林とは異なり地面の上には落葉などの有機物を含むリター層（落枝を含む落葉層）が少ない。

また、１９６０年代のグローバルフォールアウトの影響調査などでは、果樹はイチゴやトマトのような果菜類と一緒に議論されがちである。また、ブドウ以外はあまり論じられてこなかった。そこで、ここでは特に福島県を代表する農作物のひとつである果樹を取り上げて、何が分かってきたかについて紹介したい。

一　果樹の汚染と除染

ウメを除き、原発事故時にはまだ発芽前だった落葉果樹は、飛散してきた放射性物質により汚染したところの大部分が、枝や幹の外側、つまり樹皮であったことが分かった。しかし、樹体内への移行についてては果樹の専門家の間でさえあまりよく知られていなかった。放射性セシウムを根から吸収する可能性も考えられたものの、養分吸収の活動がさかんな果樹の根は、そのほとんどが土壌表面から5センチより深いところに分布しており、そこには放射性物質がほとんどないため、根から吸収された放射性セシウムが果樹内を通って果実に蓄積していくことは考えにくい。

高田らは、果樹園でたまたま原発事故前から土壌表面を被覆していた箇所と、事故後、被覆されていなかった箇所について、放射性物質による汚染の比較を行った。すると、被覆されていたところの土壌表面の放射性セシウム濃度は6分の1と低くなっていた。また、根の放射性セシウム濃度は被覆の有無にかかわらず検出限界値未満であり、果実中の放射性セシウム濃度にも差はなかった。このことから、土壌中の放射性セシウムは、果実中の放射性セシウム濃度の変化にあまり寄与していないのではないかと考えられた。

果樹は一年草の作物とは異なり、果実を毎年同じ樹から採取する。もし、土壌からのセシウム吸収が果実中の放射性セシウム蓄積にあまり寄与しないとすれば、果樹園では、作物の栽培地とは異なり、土壌にカリウムを施肥してもあまり効果が期待できないことになる。そしてもし果樹そのものに取り込まれた放射性セシウムが汚染源となり、その後何年もそれが樹体の中を動くことによって果実の汚染がもたらされるのならば、汚染は改善しにくくなる。このため果樹内での動きを詳しく調べる必要があった。

果樹中の放射性物質の移動

果樹の汚染はその95パーセント以上が地上部の汚染であった。フォールアウトとして飛散してきた放射性セシウムは樹皮に付着したのである。

そこで樹皮の除去が着目されたが、果樹では、種類により樹皮の剝離のしやすさが異なる。剝離が容易なナシ、ブドウ、カキ、リンゴについては、樹皮の除去などにより外皮上の80パーセント以上の放射性セシウムが除去できた。しかしモモ、ウメなどの樹皮は剝離が困難である。事故直後にモモの幹を高圧洗浄したところ、樹皮の放射性セシウムの半分以上が除去されたという試験結果はあるが、事故時から2カ月ほど経過すると、樹皮の放射性セシウムの除去は困難になった。時間の経過につれて樹皮の放射性セシウムはより強固に付着し、一部は幹の内部へと移行したのである。

そこで、事故時には芽吹いていなかった果樹において後から生育してきた果実が汚染されたのは、どこの放射性物質に起因するものなのかが大きな問題となった。ブドウ、ナシ、リンゴ、カキ、モモなどの成熟果の放射能汚染について測定したところ、花が直接汚染されたウメの果実の放射性セシウム濃度が、ほかの果樹と比較して6、7倍ほど高かった。つまり、樹皮よりも花が汚染された場合の方が、放射性セシウムの果実への移行はより多かったことになる。

しかし、そもそも放射性セシウムは果実へどこから移行してくるのだろうか。２０１１年、郡山の福島県農業総合センター果樹研究所においては、事故後から主要果樹が発芽しており、モモ、ナシ、リンゴ、オウトウの発芽は全て3月末から4月初めであった。発芽後に開花して果実ができるとなると、果実への放射性セシウムの大きな汚染源としては、ひとつに、根から土壌中の放射性セシウムが吸い上げられてきたこと（吸収）、もうひとつに、果樹内に取り込まれた放射性セシウムが動いたこと（転流）が考えられた。

確かに、根を土壌の浅いところに伸長するイチジクは、根を深いところに生育させるブドウと比べて、より多くの放射性セシウムを取り込むことが分かっていた。そこで、果実中に移行する放射性セシウムが土壌からの吸収か、樹体内に取り込まれたものの転流なのかを調べるためには、土壌から果樹への放射性セシウムの「移行係数」について考え直す必要があった。

作物の場合、移行係数は、「作物の重量あたりの放射性セシウムの濃度／生育している土壌の重量あたりの放射性セシウム濃度」で表されるが、食品の基準値では農作物が実際に流通する状態を前提にしているため、作物は乾燥重量あたりではなく新鮮重量あたりの係数も示されている。

そこで、このように乾燥重量か新鮮重量かで比較するのではなく、総量の変化で考えることにした。そうすると、土壌からの移行と、乾燥過程の異なる樹木の旧器官（フォールアウト当初に存在していた樹体）からの移行とが比べられるようになる。つまり移行係数を、「果実中の放射

図版3-1　ブドウ果実への放射性セシウムの移行係数

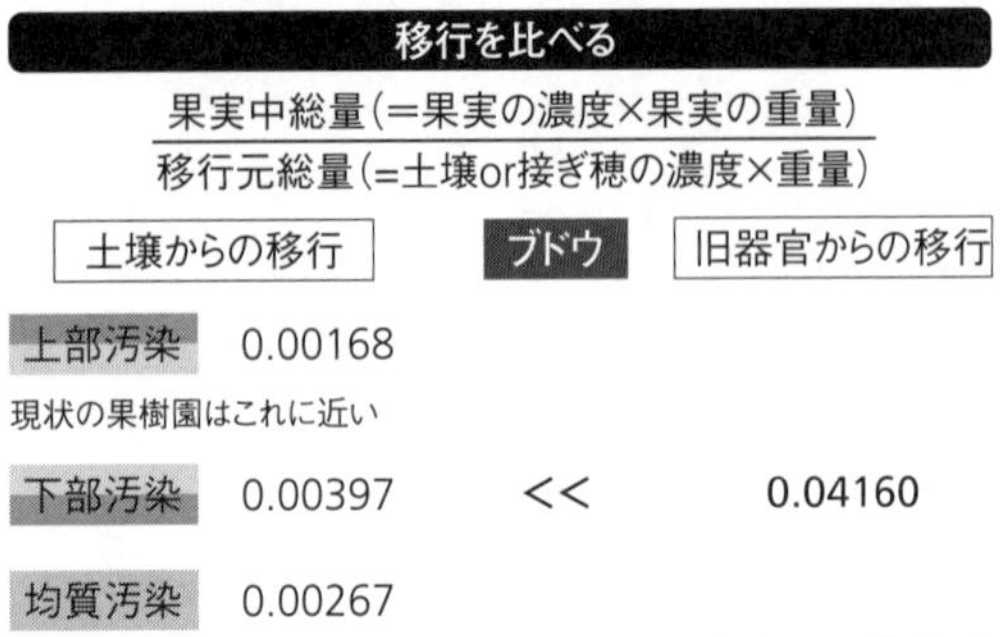

移行を比べる		
果実中総量（＝果実の濃度×果実の重量）		
移行元総量（＝土壌or接ぎ穂の濃度×重量）		

土壌からの移行	ブドウ	旧器官からの移行
上部汚染 0.00168		
現状の果樹園はこれに近い		
下部汚染 0.00397	<<	0.04160
均質汚染 0.00267		

土壌からは0.2－0.4%程度、旧器官からは4%程度移行した（提供：高田大輔氏）

性セシウムの総量（濃度×重量）／移行元の放射性セシウムの総量（土壌または接ぎ穂の濃度×重量）」と考えた。土壌では、根域（根が伸長しうる範囲）を区切って採取した土壌を乾燥させ、その中の放射性セシウムの総量を測り、果樹の旧器官では、濃度と重さからその器官内の放射性セシウムの総量を求め、これらの総量と果実内の放射性セシウムの総量の比から、どのくらいの量の放射性セシウムが果実に移行したかが分かるようにした。

　その結果、ブドウでは土壌から果実への移行は0.2－0.4パーセントと、現状の果樹園で得られる値に近くなった。そして旧器官から果実への移行は約4パーセントと、1桁高い値となった（図版3－1）。このことは、ブドウ果実への放射性セシウムの移行は主に旧器官に取り込まれた放射性セシウムからの転流であることを示していた。この結果は、事故前に被覆されていた土壌と被覆されていなかった土壌に育成した果樹中の放射性セシウム濃度を比較した前述の結果とも合致した。

図版3-2　モモ果実中の放射性セシウム濃度の変化

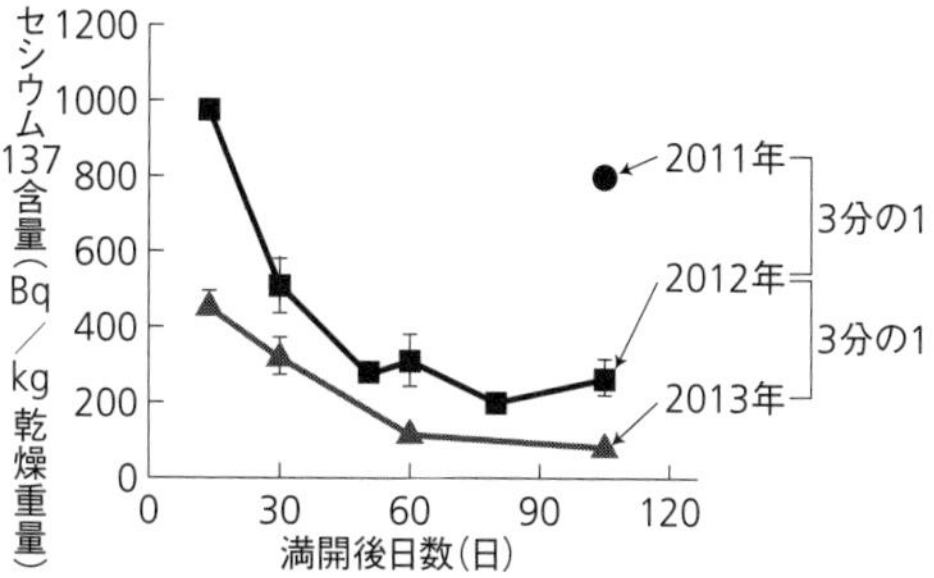

2011年から12年までと、12年から13年までの2回の変化を調べた。1年ごとに3分の1に減っていた（提供：髙田大輔氏）

モモ果実中のセシウム濃度変化

生育期間の違いによって放射性セシウム濃度はどう変化するのか。図版3－2には、モモ果実中の放射性セシウム濃度の2年間の変化を示した。この図版に示されるように、果実中の放射性セシウム濃度は1年経過すると約3分の1に減少し、次の1年でまたその3分の1へと、物理学的半減期より速いスピードで減少していった。そのスピードはチェルノブイリ事故により汚染された果樹の調査でも同様であった。これほど早く果実中の放射性セシウムが減少することは、放射性セシウムが樹体内でどこへどう動いているのかを探るきっかけとなった。

そこで、モモ果実中の放射性セシウム濃度について、もう少し長い経年変化を調べてみたところ、濃度は年と共に着実に下がり続けていることが分かった（図版3－3）。そして、2014年に収穫されたモモの濃度は、食品の規制

図版3-3　モモ果実中の放射性セシウム濃度の経年変化

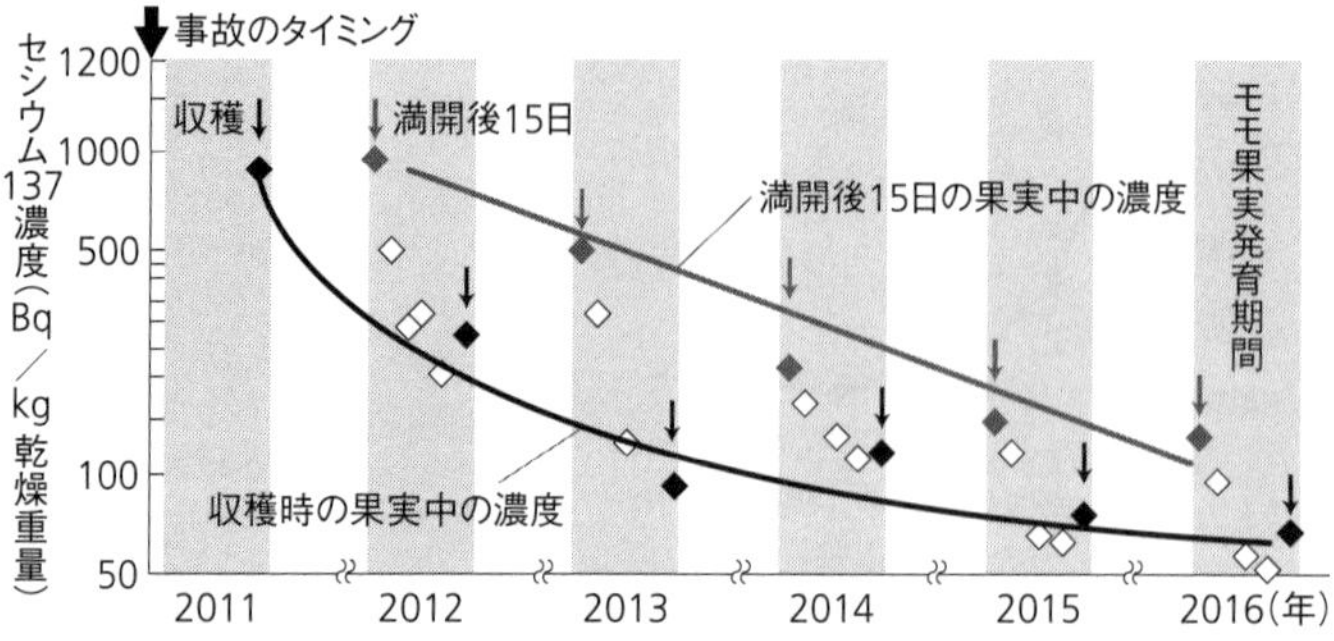

原発事故から4年後の2015年以降は規制値を下回った（提供：髙田大輔氏）

値の1キログラムあたり100ベクレルとほぼ同等の値となり、翌2015年を過ぎると規制値よりもさらに減少していった。また、毎年のモモ果実中の放射性セシウム濃度変化については共通の傾向があり、満開直後の値は収穫期よりも高く、果実が熟していくにつれて濃度が下がっていた。これは、果実は生育に伴って体積が大きくなるため取り込まれた放射性セシウム濃度は希釈されて低くなるからと考えられる。そして、収穫時のモモ果実中の放射性セシウム濃度を繋いでみると、毎年着実に下がっていくことが分かる。それは、満開後15日目の果実中の放射性セシウム濃度の値を繋ぐとほぼ直線的に下がっていたこととも同様の結果であった。

モモの成熟には満開後約100日を要するが、前述した、果実中の放射性セシウム濃度の変化を、成熟していく果実の写真と共に図示してみると、満開後15日目が最も高く、果実の成熟につれて次第に希釈されて低くなり、収穫時には半分ほどに減る（図版3－4）。

しかし、モモ果実中には、すでに満開後15日目で高い濃度の放射性セシウムが含まれている。

この放射性セシウムはどのように果実へ流入してくるのだろうか。そこで次に、放射性セシウム

図版3-4　モモの生育各段階と放射性セシウム濃度
（2012年を例に）

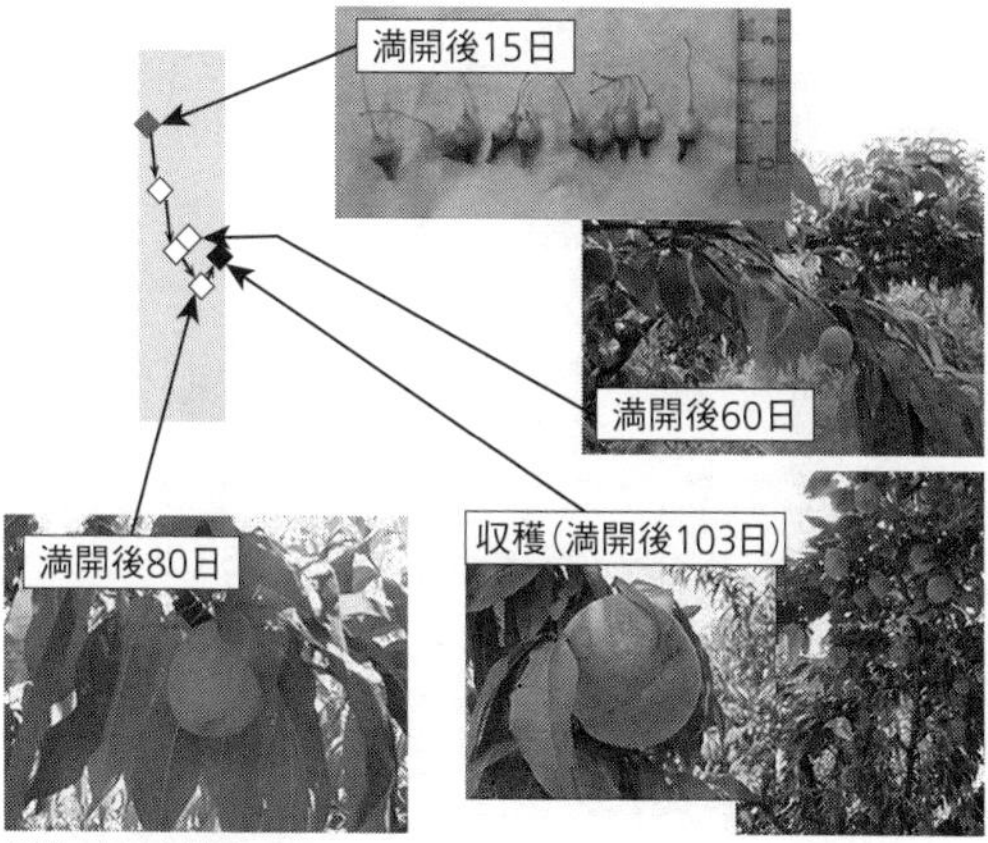

提供：高田大輔氏

図版3-5　花芽・幼果の放射性セシウム含量

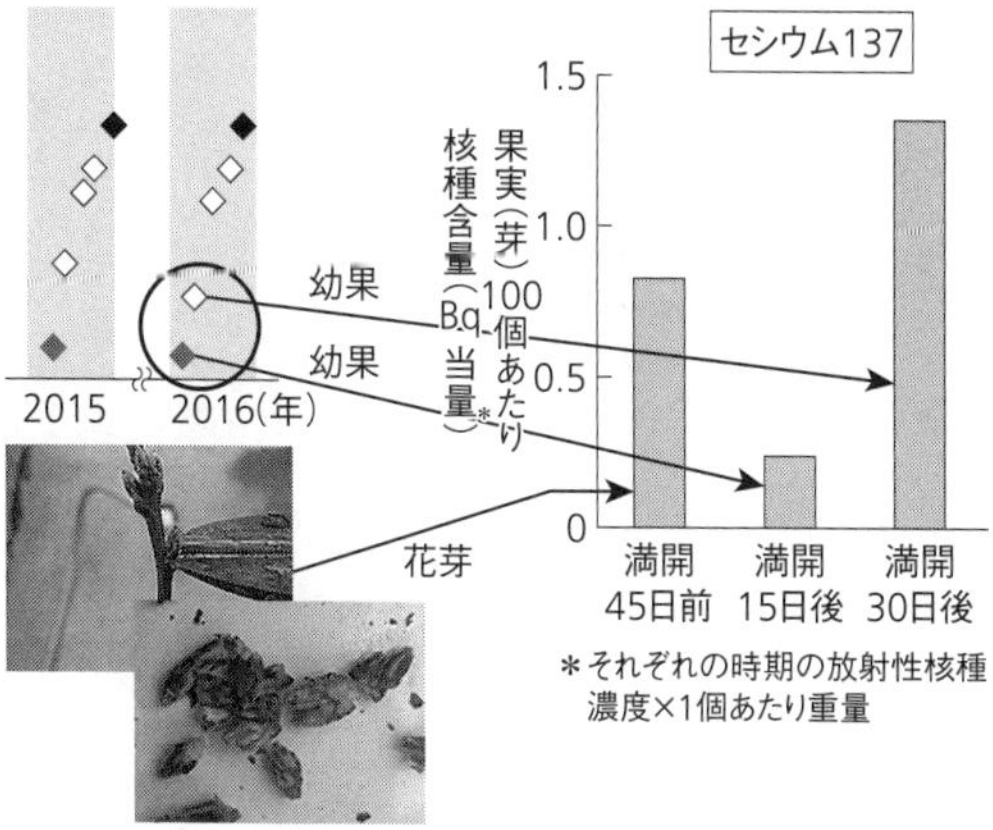

＊それぞれの時期の放射性核種濃度×1個あたり重量

提供：高田大輔氏

図版3-6　モモの満開前後での放射性核種含量の変化

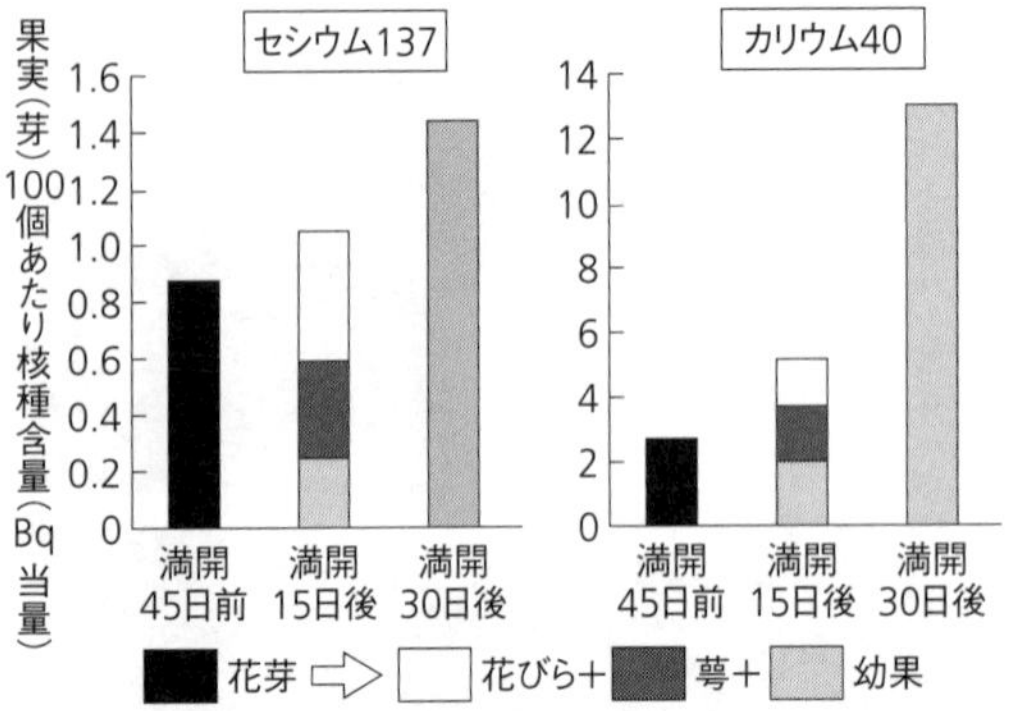

セシウム137もカリウム40も、果実ができて30日経つと15日目よりも多くの放射性セシウムが果実に蓄積された（提供：高田大輔氏）

濃度ではなく、組織に含まれる、全放射性セシウムの含量（放射性セシウム濃度×果実の重量）に着目し、その含量がどう変化するかを調べてみた。

まず、花芽《かが》（将来花になる芽）の幼組織に含まれる全放射性セシウム含量であるが、満開の45日前にはすでに、果実が満開後15日目に含む放射性セシウム量の4、5倍も高かった。逆に言えば、驚いたことには、果実の生育初期では放射性セシウム含量は花芽の含量よりもかなり低かったのである、そして満開後30日の果実では15日目の果実と比較して放射性セシウム含量は15倍ほどにも高くなる（図版3－5）。

カリウム含量・濃度変化との比較

カリウムとセシウムの化学的挙動は似ていることが知られている。そこで、モモ果実の成熟過程で放射性セシウム含量を、カリウム40測定値からのカリウム含量と比較してみた。カリウム40はカリウムの放射性同位体であり、カリウムと同じ挙動をする。そして、どのような化学形態の

図版3-7　満開後15日目と収穫時のモモ果実中の濃度比の経年変化

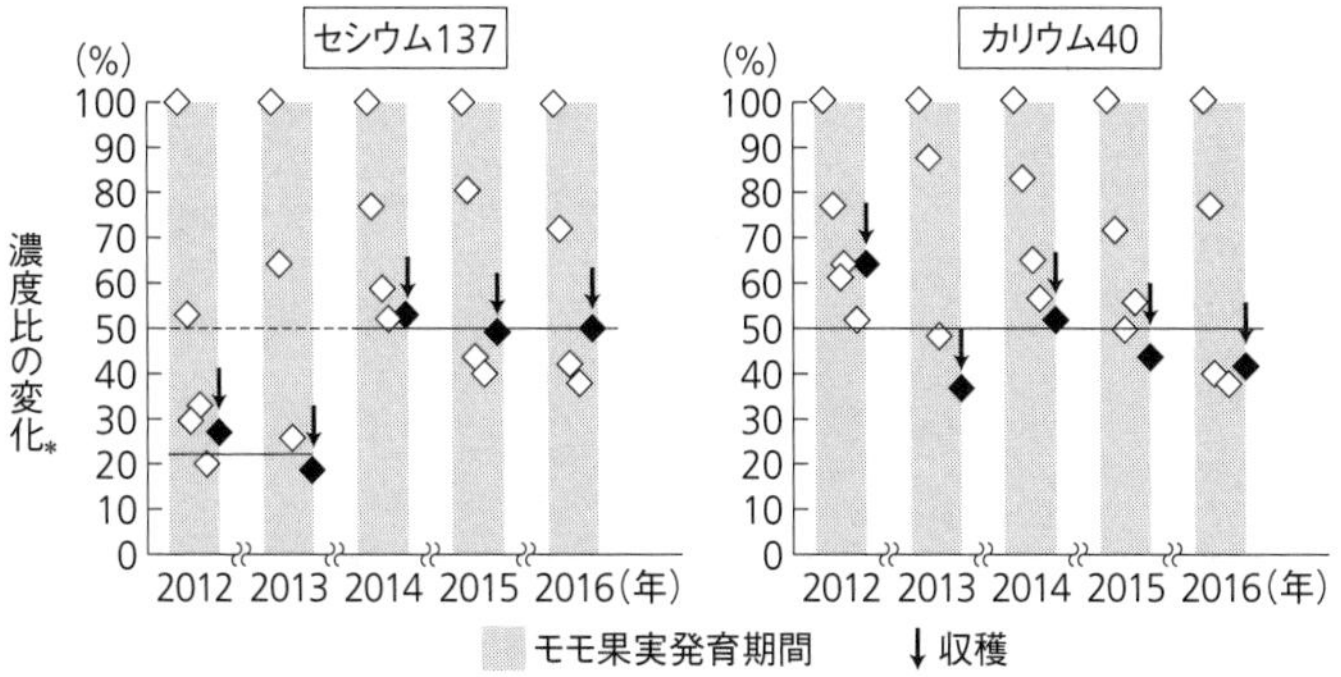

＊濃度比＝（収穫期の核種濃度／満開後15日目の核種濃度）×100。セシウム137の濃度変化はカリウム40の濃度変化に近づいてきている（提供：高田大輔氏）

カリウムでも、その1万分の1は放射性のカリウム40であることから、カリウム40からの放射線量を測定すると、逆算して、カリウム全体の量を求めることができる。

　まず、モモ果実中の放射性セシウム含量の変化であるが、果実生成15日目では、花芽よりも幼果の方が低かったものの、花びらや蕚《がく》に含まれる放射性セシウム量を加えると、芽よりも高くなった（図版3－6）。そして果実生成30日目になると花びらや蕚は落ちてしまい果実のみが果樹に残るが、その中の放射性セシウム含量は15日目と比較して高い値となり、15日目の花びらや蕚に含まれた放射性セシウム量を全て取り込んだよりも高くなった。

　このことから、果実へ移行する放射性セシウムの汚染源は「樹体そのもの」であり、前年に含まれていた樹体中の放射性セシウムが、次の年に成熟する果樹に移行していたことになる。カリウムの場合には、果実の成熟に伴い、セシウムと同様の変化を示したものの、セシウムよりも花芽からの含量変化が大きくなった。

話を濃度変化に戻すと、モモ果実中のカリウム濃度の年変化には、セシウムと異なる傾向は何も見られなかった。放射性セシウムと同様、果実の成熟過程におけるカリウムの濃度は毎年、満開後に高く、次第に下がっていくことが示され、収穫時には果実中のカリウム濃度は最も低くなった。そして果実の成熟過程で果実に流入する放射性セシウムの量の変化を調べるため、満開後15日目の若い果実中の濃度と収穫時の濃度の比を求めたところ、2012年と2013年に収穫されたモモ果実中の放射性セシウム濃度は満開後15日目の初期の果実中の値の20パーセントほどであったが、2014年からはほぼ一定の50パーセントとなってきている（図版3－7）。

この値はカリウムの比にほぼ等しいことから、放射性セシウム濃度はカリウムの値に近づいてきているのではないかと考えられた。これは、放射性セシウムは、果実の成熟過程においてカリウムと類似した樹体からの「転流」によって果実に蓄積されるためであろう。つまり、2014年以降はカリウムと同じように葉などからの転流により果実に運ばれていると考えられる。

モモ果実中の放射性セシウム濃度の予測

果実発育期間中のモモの、乾物あたりの放射性セシウムの濃度変化をさらに詳細に調べてみる

図版3-8　満開後のモモのセシウム137とカリウム40の濃度変化

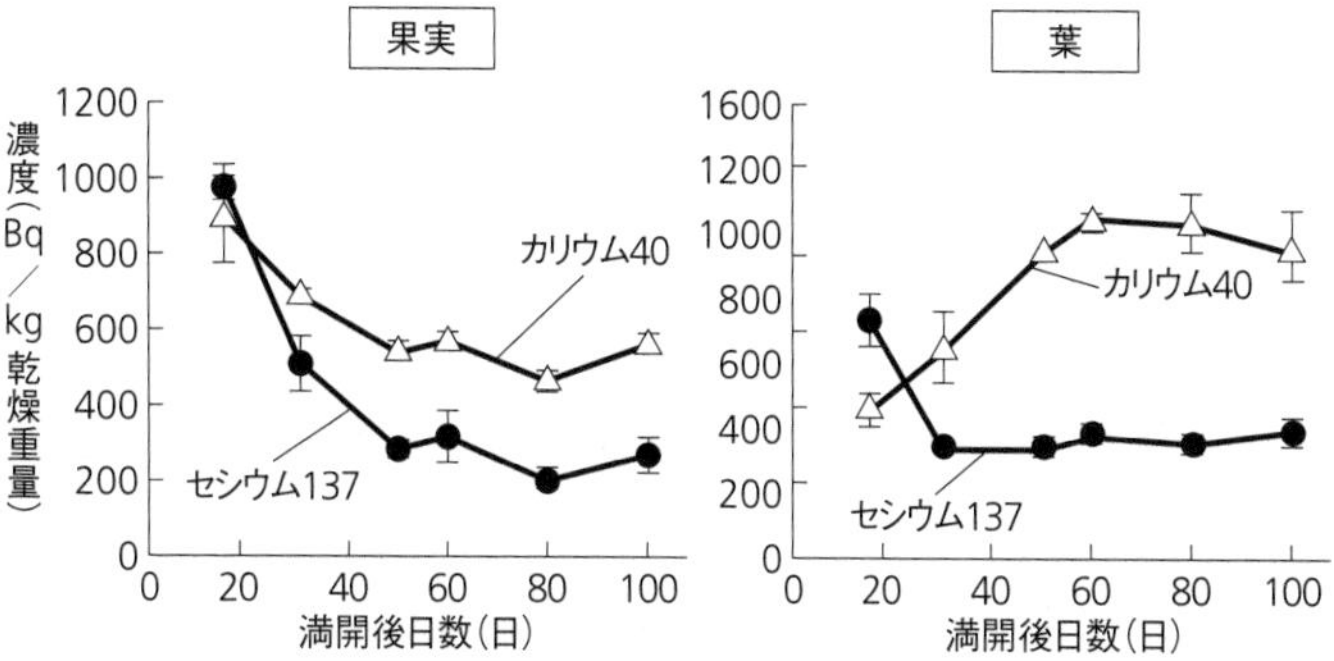

左図は果実で、セシウムは満開後15日で最も高く、50日以降ほぼ一定。カリウムも同様だが高止まりした。右図は葉で、セシウムは減ったがカリウムは増えた（提供：高田大輔氏）

と、満開後15日目で最も高く、その後30日目から50日目にかけて低下し、以後は成熟期までほぼ一定という傾向を示すことが分かった。果実中のカリウム濃度も満開後15日で最も高く、その後低下したものの、その低下の度合いはセシウムよりは低く、高止まりとなった（図版3-8左）。しかし放射性セシウムもカリウムも、果実の成熟の初期段階では濃度が次第に下がっていくことが示された。

ちなみに、葉の中のセシウムとカリウム濃度の変化も調べたところ、セシウム濃度については果実と同様に成熟過程で減少する傾向が示されたものの、カリウム濃度は逆に上昇し、その差は満開後30日を過ぎるとさらに大きくなった（図版3-8右）。このことから、果実とは異なり、葉のカリウム／セシウム比から果実中の放射性セシウム濃度を推定することは困難であると分かった。

放射性セシウム濃度は果実発育の第二期（果肉の肥大

化が一時止まる約7週間後）になるとほぼ一定値になることが分かった。ここから、この時期の果実を調べれば、収穫時期の果実中の放射性セシウム濃度が予測できることになる（図版3－9）。モモの果実が成熟した後にサンプリングして調べるよりはるかに早い段階で、放射性セシウム濃度を予測できることが分かったのである。しかしモモ中の放射性セシウム濃度はすでに基準値以

図版3-9　果実中の放射性セシウム濃度変化モデル

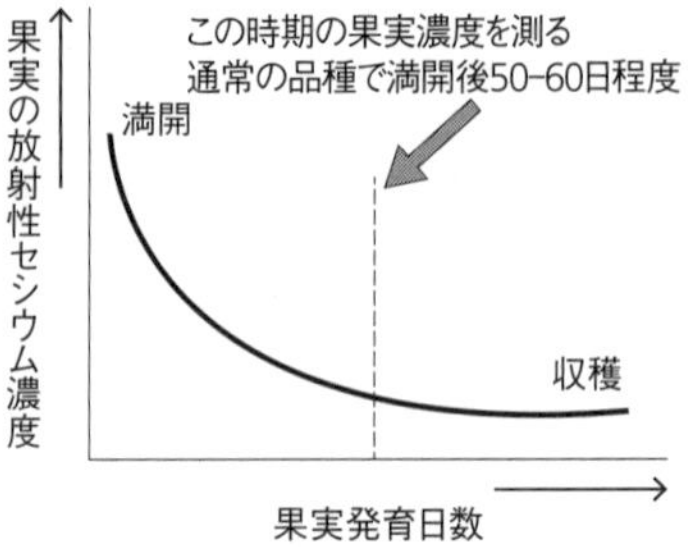

発育第二期の果実を調べれば収穫時期の濃度が予測できる

図版3-10　果実（モモ・カキ）の放射性セシウム濃度予測

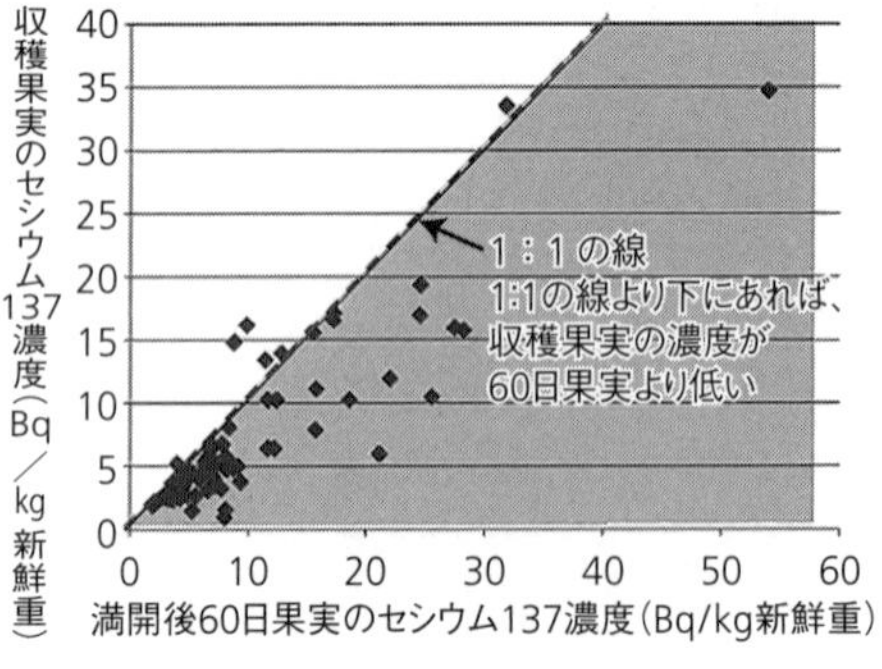

幼果時点の濃度を測ることで安全性の確保を図ることができる（提供：髙田大輔氏）

下となっていたため、この予測モデルはモモについては利用する必要はなくなった。

一方、カキでは、幼果時期の放射性セシウム濃度を測定することにより、収穫時における果実中の濃度の高いものが予測できるので、市場に出すことができるカキをスクリーニングする検査法として、実際に採用されている（図版3－10）。

ただ、カキの場合には別の問題がある。カキの樹皮は生育し始めて数年を経ると割れ目ができ、そこに水が溜まりコケが繁茂しやすくなる。このコケとその下の樹皮の放射性セシウム濃度を測定したところ、コケが生育していない場所の樹皮と比較して、コケの下にあった樹皮の放射性セシウム濃度は10倍近く高かった。この放射性セシウムの量は雨量に比例していたが、洗浄した果樹では、雨量が増加してもあまり増加しなかった。ということは、雨水が幹を伝いながら押し流す放射性セシウムを、このコケが受け止めていたことになる。

このことから、果実が生育し始める前に樹皮を除染することも、カキの栽培では重要な作業となることが分かった。

果実中の放射性セシウムの低減

果樹中へ放射性セシウムが流れ込むルートには様々なものが考えられる。

図版3-11　ブドウの旧枝からの放射性セシウムの移行

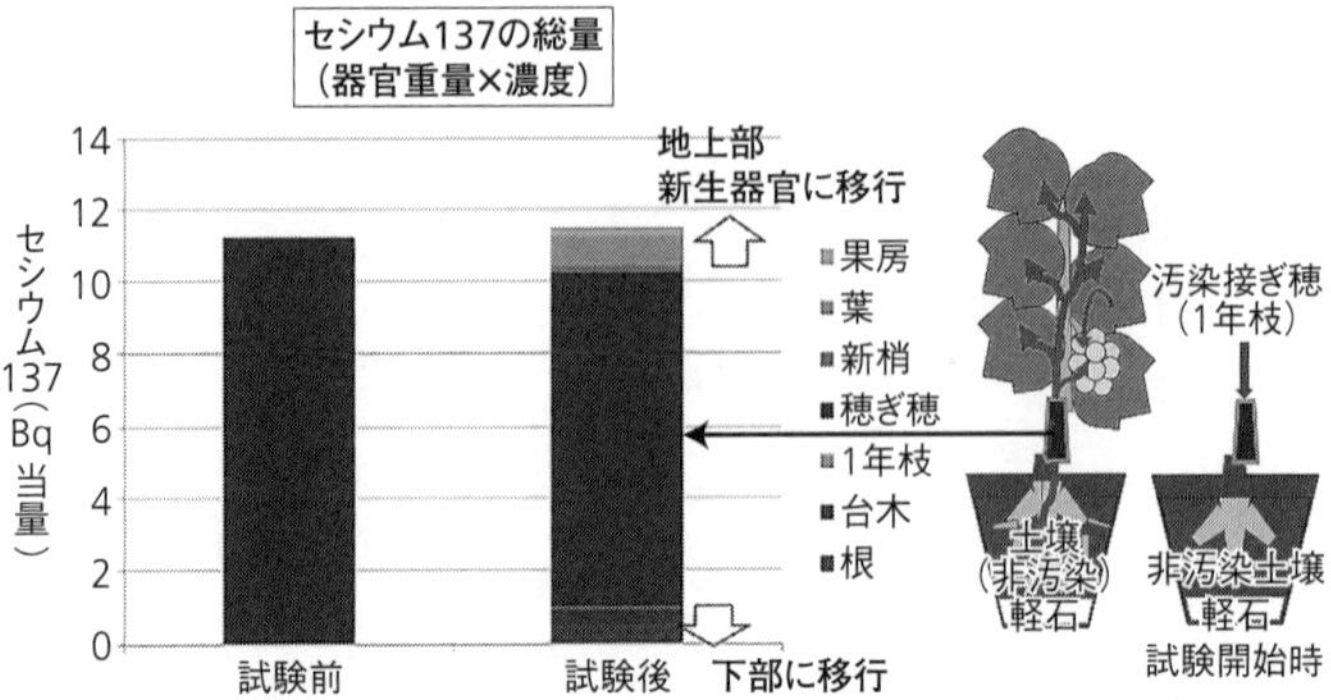

放射性セシウムは20%程度が接ぎ穂の外へ移行していた(提供:高田大輔氏)

生育初期の葉や果実中の放射性セシウム濃度が高いということから考えられるのは、樹体内に貯蔵された放射性セシウムが転流しているということである。新たにセシウムが補給されることがないかぎり、一本の樹体中では年々、果実に転流する放射性セシウム量は減少している。しかし、放射性セシウムは常に樹体内を動いているのである。そこで次に考えられるのは、樹体内の放射性セシウム量を何とか低減できないかということである。そのためのひとつの方法が、汚染された旧器官を取り除くこととなる。

高田らは、汚染したブドウを用いて、旧枝から接ぎ木へ放射性セシウムがどのくらい移行するかを調べてみた。図版3－11に示すように、汚染した一年接ぎ穂を非汚染樹に接ぎ木して、そこに生育したブドウの果房、葉、台木、根などの各器官中の放射性セシウムの総量（器官重量×濃度）を求めた。

すると、接ぎ穂中の約20パーセントの放射性セシウムが、接ぎ穂外へと動いていたことが分かった。果房中に移行した放射性セシウム総量は、接ぎ穂中に含まれていたものの10パーセントにも満たなかったが、もしも果樹全体が汚染されており、そこに生育した果房があれば、それに含まれる放射性セシウムの量は非常に多くなると予想される。

そこで、果実中の放射性セシウム低減のためには、果樹の枝の剪定《せんてい》、主幹切断（幹から切って樹高を下げること）がひとつの有効な方法となる。しかし、幹の切断はもちろん、剪定の場合でも、大きく行うと、果実に移行する放射性セシウムの量は減少するものの、収穫される果実の量が減ってしまう。営農再開のためには収量と除染のバランスをとった適切な剪定を行う必要がある。

適切な剪定方法を調べるため、25年生（実をつけるようになって25年）のあんぽ柿に2014年から5年間剪定が行われ、その間の果実中の放射性セシウムの濃度の変化が測定された。剪定は、通常（慣行）の剪定と強剪定（樹高2メートルまで切り下げる）に分け、また主幹切断（地上約60—100センチに切断）も行い、5年間の推移を調べた（図版3-12）。

すると、図3-12に示すように、果実中の放射性セシウム濃度は、剪定の有無にかかわらず、年の経過と共に減少した。剪定区の樹体と比較して無剪定区の樹体の場合では個体差が大きかった。ただ、無剪定区では2019年に、わずかではあるが果実中の濃度が増加した。また剪定強度の違いによる果実中の濃度の減少度の違いについてはあまり明瞭な結果は得られなかったが、無剪定区と比較して、果実中の汚染程度のばらつきが小さくなることが示された。

剪定処理を行った果樹園において、２０１６年に前出のＫＵＲＡＭＡを用いて場内の空間線量

図版3-12　剪定の度合いによる果実中の放射性セシウム濃度の推移

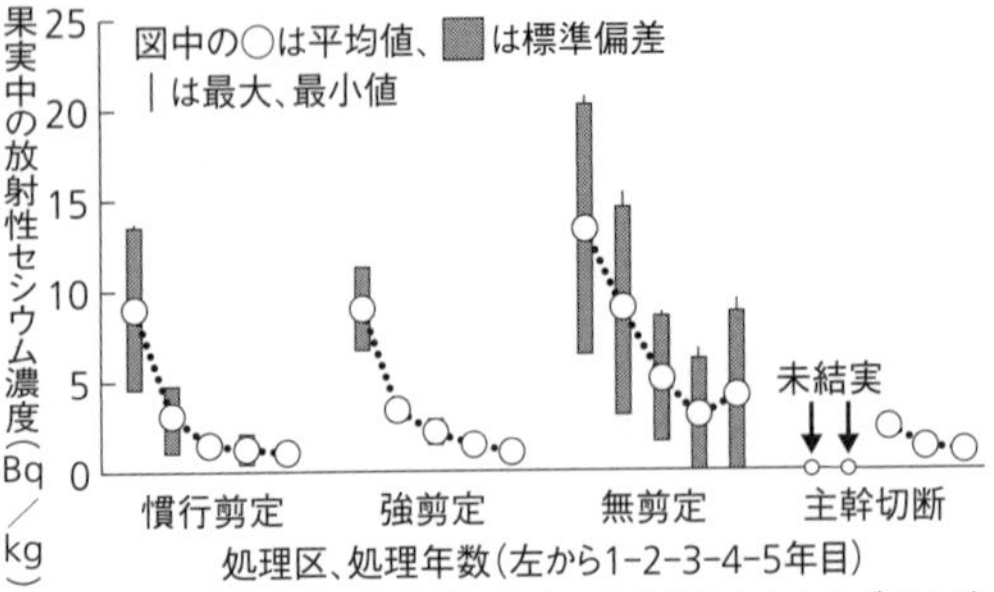

セシウム134と137の合計。剪定の度合いや有無にかかわらず年々減少した（提供：髙田大輔氏）

図版3-13　空間線量率と果実中の放射性セシウム濃度

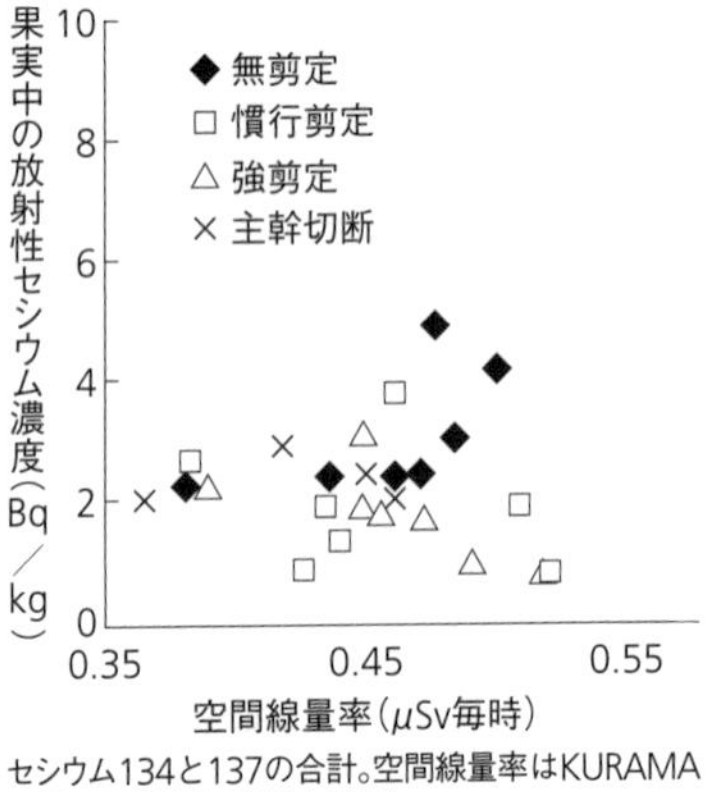

セシウム134と137の合計。空間線量率はKURAMAで調べた（提供：髙田大輔氏）

率を測定したところ、空間線量率は無剪定区の方が高い傾向が示された（図版3－13）。果樹園では土壌を耕すことはないため、水田や圃場と異なり、土壌表面に多く存在する放射性セシウムが下層の土壌と混合して濃度が均質になることはほとんどない。また地表を被覆することもほぼないため、土壌表面に吸着している放射性セシウムからの放射線が、そこで作業をする人に直接影響を及ぼす可能性がある。そこで、空間線量率の測定は土壌の除染があまり進まない果樹園で作業する人の健康を考える上で大切である。

根のセシウム吸収と排出

果樹園に降ってきた放射性セシウムは土壌表面に留まっていることから、果樹では根による土壌からの放射性セシウムの移行量は小さいと見積もられている。

果実には根の張りが浅いものや深いものがある。そして根の張り方が浅い果樹、例えばキウイフルーツ、ブルーベリー、イチジクなどが、根を通じて、表土に蓄積された放射性セシウムを吸収していることはすでに実証されている（図版3－14）。一方、地上部で葉が落ちるように、地中では根も、毎年その一部を代謝の一端として切り離している。このことにより、根の先に移行していた放射性セシウムが、土壌の深いところで根と共に土壌中に置かれる、つまり、汚染した果

図版3-14　根の張り方による果実の類型

浅いところに根を張る果樹は表土のセシウムを吸収しやすいことが分かっている（クリ・モモ・ブドウ・ナシ・リンゴ・カキ写真提供：丸山滋氏、ブルーベリー写真提供：田中雅也氏）

図版3-15　モモの根の成長

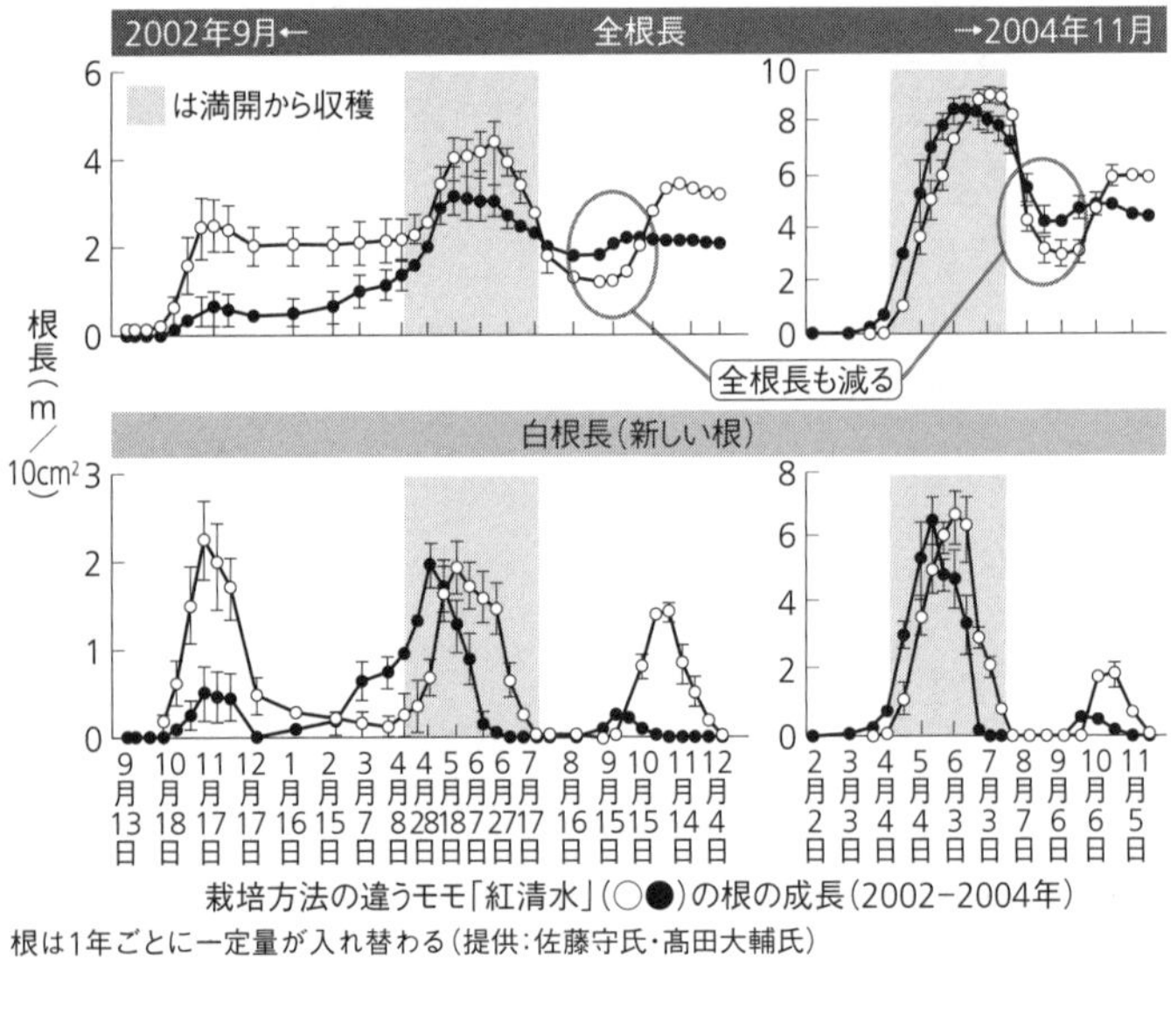

栽培方法の違うモモ「紅清水」（○●）の根の成長（2002–2004年）

根は1年ごとに一定量が入れ替わる（提供：佐藤守氏・高田大輔氏）

樹が原因で土壌の深いところの汚染が起きていることになる。そこで、この実態を調べてみた。

原発事故前、2002年から2004年にかけてモモの根の成長を調べた結果がある。モモの根の生育は、果実の成熟に伴って毎年一定のリズムを示し、根の総量（全長）は、果実の肥大が始まると最大値になる（図版3－15）。高田らがモモの新根の生育をガラス越しに観察したところ、モモの根は果実の生育に伴い、急激に新しい白い根を発達させた。新しい根は白いが、しばらくすると茶色になるか枯れるかで白くなくなってしまう。そして果実の生育と共に新しい根の量は増加しなくなり、果実の収穫期には非常に少なくなって、次の年にまた根を生育させる。つまり、毎年一定の根が代謝されて土壌中に取り残されることになる。

このことから、土壌の「二次汚染」の可能性が示唆される。将来、土壌の深いところで代謝された根により、量としては少ないものの、深部で土壌が二次的に汚染されることが生じ、その放射性セシウムを、新しく生育してくる根が吸収して、生育する果実中の放射性セシウム濃度が高くなる可能性がある。

前述したように、果実中の放射性セシウムの大部分は、すでに前年に樹体内に存在している放射性セシウムに由来する。果実の放射性セシウム濃度が高くなると予想される場合には、果樹の植え替えが必要となる。営農再開を前提とするならば、摘果果実（間引きした果実）の放射性セシウム濃度が規制値を超えた園地の樹では、樹体が生き残っていても、これを再利用することはかなり困難な場合があることを考える必要があるだろう。

果樹汚染のまとめ

フォールアウトにより汚染された果樹・果実については以下のようにまとめられるだろう。まず、土壌からの放射性セシウムの移行は、根の張り方に依存する。根の浅い樹種では土壌表層のセシウムを吸収しやすい。しかし実際に計測すると、事故年に汚染した土壌から果実への移行はわずかであった。

次に果樹の汚染については、樹体の樹皮に高い濃度の放射性セシウムが蓄積し、一部は樹体内へ侵入しており、樹体という放射性セシウム貯蔵器官が存在していることになる。そしてこの樹体内に存在するセシウムは、新生器官に移動し、翌年の果実の汚染源となっている。放射性セシウムは数パーセントが旧器官から果実へ移動してきており、根を介した土壌からの移行よりもはるかに、果実汚染源としての寄与率が高い。その寄与率は、総量ベースで比較すると1桁高くなっている。

果実の汚染については、放射性セシウムの果実濃度は発育第二期までにある程度低下し、開花後50―60日で一定値になる傾向がある。このことは、果実の汚染状況を早い段階で推測できることを意味する。福島県を代表する果実であるモモについては、収穫果実の放射性セシウム濃度は事故後、年ごとに減少してきており、現在はほとんどが検出限界値未満になっている。

果樹の除染のための剪定は、有効ではあるが、果実生産が減少するので最適値を求める必要がある。また果樹を植え替えた場合、当然ながら収穫まで年数がかかることから、除染は息の長い活動となるだろう。

二 茶の汚染と除染

茶はツバキ科の常緑樹であり、日本の主要産地は静岡県、鹿児島県、三重県、宮崎県、京都府と続き、各地域で生産された茶はブランド化されている。

原発事故後初めて、一番茶の新芽から当時の規制値、新鮮重量1キログラムあたり500ベクレルを超える汚染が確認されたのは、福島県から遠く離れた神奈川県であった。そのため、神奈川県では茶樹汚染のメカニズムやその除染方法について多くの調査が行われ、除染作業も実施された。また同様に、茶の生産量が日本で最も多い静岡県でも調査や除染が行われた。

フォールアウトは空気中にさらされていたものに付着し、汚染を引き起こした。冬の時期の終

図版3-16　茶樹汚染の範囲

放射性セシウムは74%が中切り面より先に存在していた（出典：https://www.maff.go.jp/j/seisan/gijutsuhasshin/attach/pdf/cha170314-1.pdf）

わりであった3月11日当時、水田は代掻《しろか》き（田植え前に行う土のかきならし作業）前であり、ほとんどの畑では種子はまかれる前であったため田畑では土壌汚染が問題になったが、茶畑では葉が茂っていた。茶では、この葉がフォールアウトを受け止め、汚染されたのである。

日本茶は日常よく飲まれるため、関東一円に降ってきたフォールアウトによる茶葉の汚染は、広く人々の関心を集めた。神奈川県でも一番茶新芽からの検出後、出荷制限がかけられた。

茶葉には茶園で摘まれた「生葉」や中間加工処理前の「荒茶」、店で購入する状態の「製茶」など様々な形がある。神奈川県ではこれら全ての形態の茶葉を一緒にして放射性セシウム濃度が測定された。このため、なかには加工段階で水分が減少し、製茶になると5倍も濃縮される場合があったとはいえ、事故直後に当時の規制値を超えた茶が見つかったことは大きな話題となった。汚染の実態と除染の方法について調べたことをまとめておきたい。

図版3-17　新芽へのセシウム133の移行

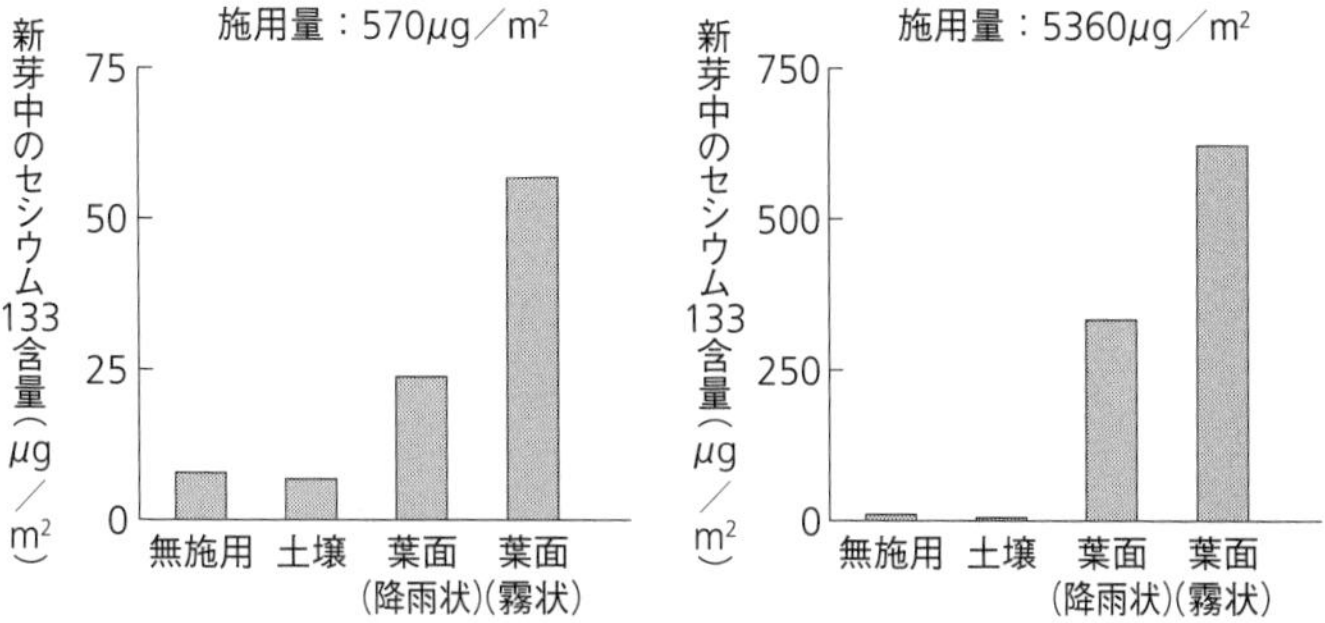

右図は左図の10倍施用した場合。含有量は施用にほぼ比例したといえる（出典：https://www.naro.affrc.go.jp/training/tiles/reformation_txt2012_cao.pdf）

茶樹の汚染部

茶樹では、予想されていたように、フォールアウトが最初に付着した高いところの葉・枝ほど汚染されていた。事故直後に測定された茶樹の放射性セシウムは37パーセントが「深刈り面」より外側に存在し、細枝と太枝の一部よりも外側、つまり、「中切り面」より先の部分には74パーセントが存在していた。そこで、この外側部分を除去すると、茶葉の再生には時間を要するものの、茶樹の汚染のかなりの部分を除去できることになる（図版3－16）。

茶園で茶樹がどこから放射性セシウムを吸収したのかについて調査した結果がある。ただし、茶園に放射性セシウムを散布して調べることはできないため、セシウムの安定同位体、セシウム133を用いて実験を行った。すなわち、セシウム133の施用量を10倍変えて土壌散布と葉面散布を行い、セシウムの茶樹の新芽への移行を調べた。

その結果、施用1カ月後のセシウム133の移行量は、葉面散布した場合に多くなり、土壌からはほとんど移行しないことが分かった。また葉面散布では霧状に噴霧した場合の方が、降雨状に散布した場合よりも、新芽への移行が多かった（図版3－17）。

このことは、土壌から茶樹へ放射性セシウムはほとんど移行しないことを示しただけでなく、フォールアウトで葉に付着したセシウムが茶樹内へ取り込まれ、それが新芽へと移行し、生産される茶葉の汚染を引き起こしたことを示唆している。つまり、古い葉に付着した放射性セシウムが蓄積された茶樹そのものが、新芽の汚染源だったと推測された。

なお、茶の場合、湯を注いで飲用とする場合には、放射性セシウム濃度は2パーセント程度にまで減少する。このためほとんど全ての場合、茶葉からのお茶に含まれる放射性セシウムは検出限界値を下回ることを付け加えておきたい。

茶樹の除染方法

茶樹の部位別に放射性セシウム濃度を調べた結果、放射性セシウムは葉の層に多く、根の部分には少ないことが示された。この結果が意味するところは、深刈りなどの剪定によって刈り落とす枝葉の総量を増やせば、新芽に移行する放射性物質量の低減が図れるということである。

事故直後に出荷制限がかけられた神奈川県では、指導員が各地区で講習会や除染技術の実地指導を行った。その結果、翌２０１２年には、出荷制限を受けた10市町村すべてで出荷制限が解除された。

図版3-18　新芽・葉層および荒茶の放射性セシウム濃度の推移

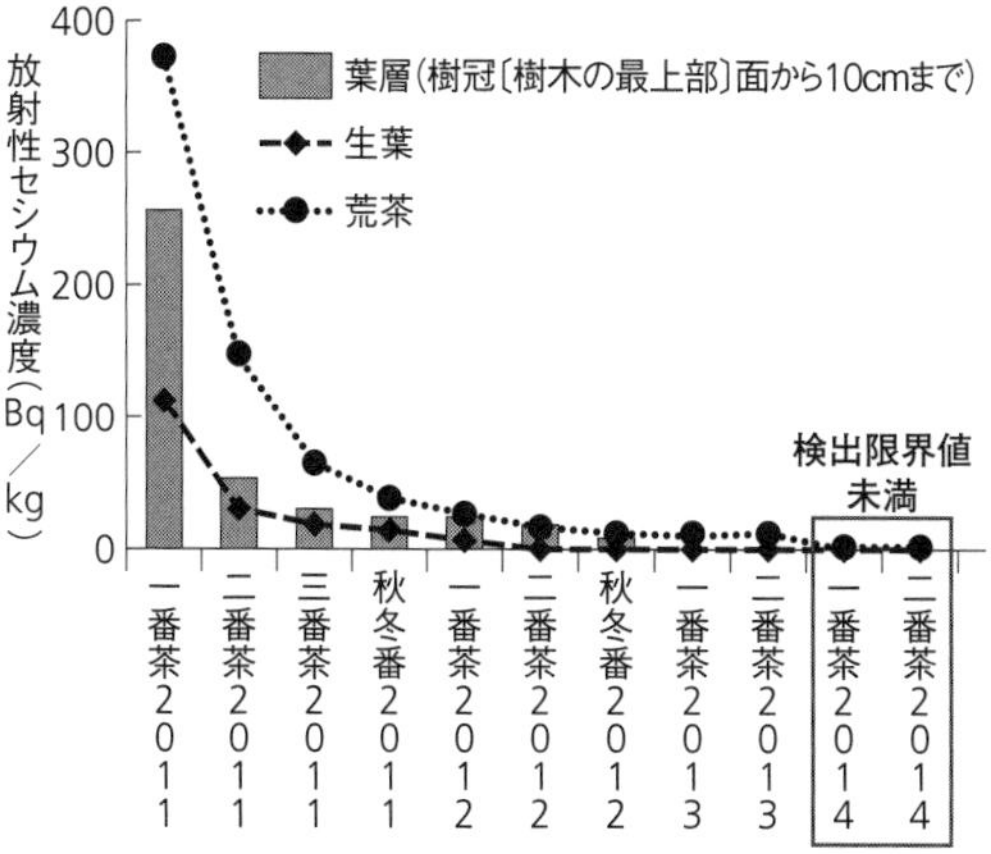

2014年には検出限界値を下回った（出典：静岡県農林技術研究所茶業研究センター）

また静岡県では、荒茶生産量と摘茶面積ともに国内最大の約40パーセントを占めるため、汚染調査や除染は精力的に行われた。農林技術研究所茶業研究センターの報告では、茶樹の各組織中の放射性セシウム濃度は年々減少し、２０１４年からは葉層、茶葉共に検出限界値未満となった（図版3－18）。

ここまで、果樹や茶など農業用に育成する樹木や灌木などの放射能汚染について述べてきた。次に、自然に生育している樹木や森林の放射能汚染について、分かってきたことを書いてみたい。

第四章

森林の汚染から河川への流出へ——セシウムはどう運ばれるか

一　森林汚染の実態

本書ではここまで、農作物の汚染と除染について分かっていることを述べてきた。汚染は農地だけの問題ではない。農地よりもはるかに広い範囲にわたって、広大な面積の森林が汚染された。森林では人が作物を作ることはあまりないが、キノコや山菜を採取して食用にしたり、山林中にあるため池やダム、河川の水にかかわったりして、私たちにも汚染が少なからず関係してくる。本章ではまず森林および福島県における森林・林業の概要を述べた後、広い意味での森林の汚染について調べてきたこと、分かってきたことをまとめたい。

世界中の森林面積は300年前には全陸地の約50パーセントであったと推測されるが、産業革命以来減少の一途を辿《たど》り、現在では約30パーセントと見積もられている。

気候により森林の再生能力は異なる。土壌の厚さや性質が異なるため、木を切り倒しても樹木を再生できるとは限らないのである。熱帯では、地上部の樹木は大きく育つものの土壌は薄く、樹木を伐採してしまうと樹木の再生は困難となる。また亜寒冷帯では落葉した有機物の分解が進まないので、地面には養分に乏しい灰白色の土（ポドソル）が多く、養分を蓄えた土壌層は薄い。そのため、やはり樹木を伐採した後の森林の再生は困難である。

それに引き換え、温帯林は土壌の厚さがある程度確保されており、森林を再生することは比較的容易である。実際に、第二次大戦後に伐採によりほとんど樹木がなくなってしまった岡山県や兵庫県の森林は、その後の緑化によりかなり再生されてきた。

現在、日本はＯＥＣＤ（経済協力開発機構）加盟国のうちフィンランド、スウェーデンに次ぐ森林大国であり、国土の68・4パーセントを森林が占めている。森林は多面的機能を持っており、例えば水分貯蔵能ならびに流出土砂量を激減させる機能などは災害防止に大きく役立ってきた。

また資源としての森林は、現在日本には約52億立方メートル蓄積されており、毎年数千万立方メートルずつ、特に今世紀に入ってからは、じつに毎秒2.5立方メートルずつ増加し続けている。その年間増加量は体積にして、100メートル×100メートルの面積×東京スカイツリー13塔分の高さに相当する。これは森林の生物や環境を維持する機能と同時に、将来の物質生産場としての森林のポテンシャルを示すものである。

福島県も総面積の71パーセント（97万ヘクタール）が森林であり、森林面積は北海道、岩手県、長野県に次いで全国で4番目の広さである。そして福島県の森林資源蓄積量は全国第3位であり、面積では国有林が42パーセントとなる。森林の主な樹種は、69パーセントを占める針葉樹林がスギ、ヒノキ、アカマツであり、広葉樹林は主にコナラである。

蓄積された森林資源を活用するためには、常に間伐などの手入れが必要である。例えば、手入れがされていないヒノキ林では日の光が差し込まなくなることもあり、樹木の下の草が生育せず、また表土が少なくなって根が地面から浮き上がってしまい、回復には1、2年の年月が必要となる。

福島県内には事故前まで251の製材工場があり、この数は日本全体で5位となる。伐採には費用がかかる反面、素材としての丸太の価格は安く（1立方メートルあたりスギで約1万2千円、ヒノキで約1万8千円）、例えば1ヘクタールのひと山から得られる丸太代が300万円ほどしかなく、林業としては経済的に取り組みにくい面がある。木材の持つ、人に優しいという材の性質から考えて、何とか樹木を植林し、間伐しながら生育させ、伐採して適材適所で使うという森林の循環が回ってほしいと願うところである。

その森林が放射能汚染を受けた。放射性物質汚染対処特措法が施行され、森林面積8万ヘクタールの11市町村が国が主体となって除染を行う除染特別地域に指定され、立ち入り制限されて林業は行えなくなった。一方、森林面積49万ヘクタールの40市町村（福島県全体には59市町村がある）が、汚染状況重点調査地域として各市町村が中心になって除染する地域となり、そこでは一部林業も行えることとなった。２０２１年3月現在、この地域は32市町村となっている。

国有林を管理する林野庁の森林管理署は、森林の持つ水分保持能力、流出土壌の減少、二酸化炭素の固定などの多面的機能や木材のもつ機能などを勘案し、森林整備に補助を行っている。実際の現場では森林組合などがその作業を請け負っている。

しかし、福島県の森林の放射能汚染はまだまだ未解決の問題として残されている。事故直後から現在まで、森林の放射性セシウムがどのように動いてきたかという全体像について、分かってきたことの概要を紹介したい。

森林汚染の移り変わり

事故直後、数日から1週間程度の間に森林に降ってきた放射性セシウムは、観測やデータを組み合わせると、森林タイプにより異なるものの、約9割が樹木に付着したと想像される。降り方

図版4-1　スギ林地上部の放射性セシウムの動き

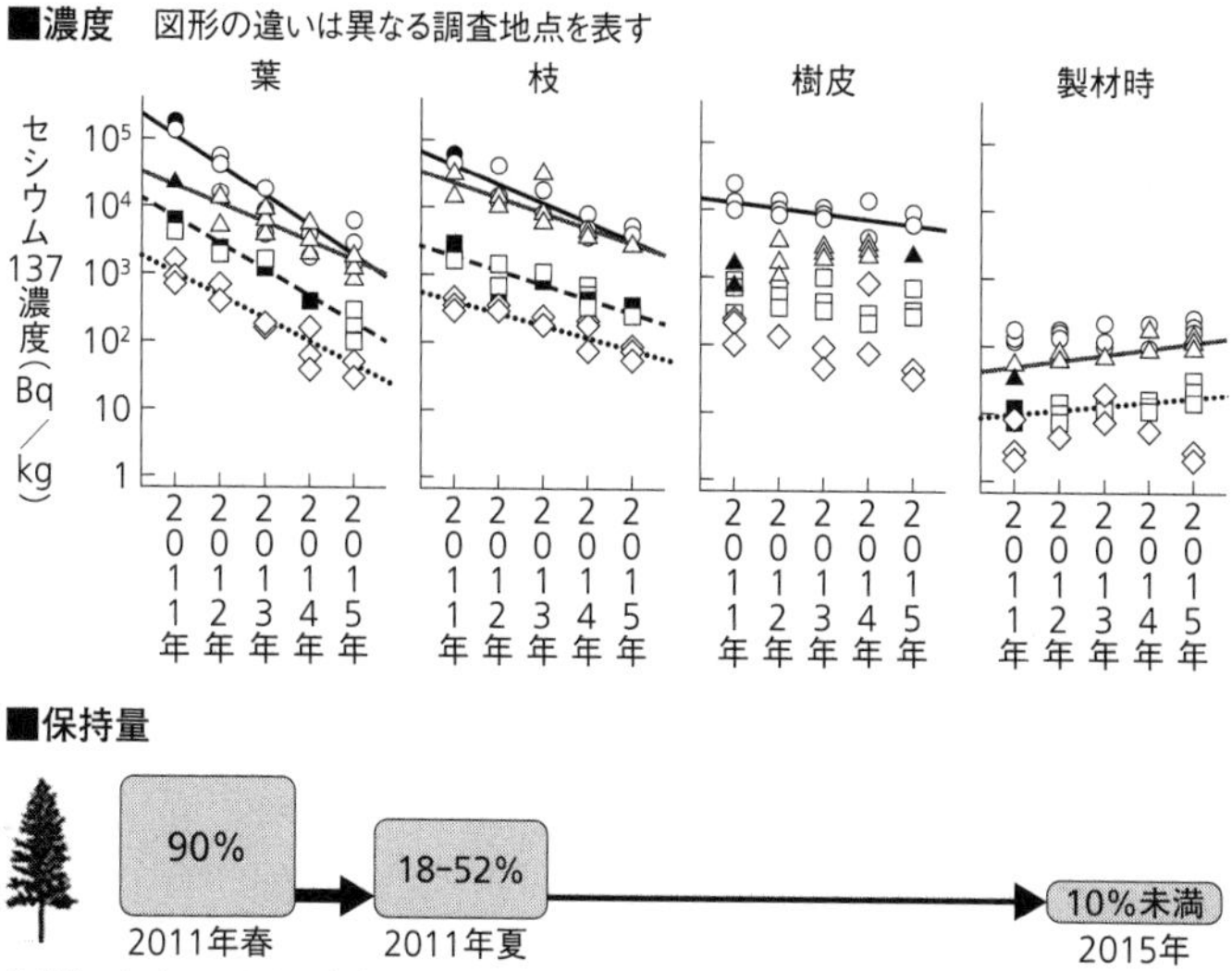

放射性セシウムはすぐに地表・土壌に移動し、葉や枝からは指数関数的に減少していく。数年で10%以下に減少した（出典：Imamura et al., *Scientific Reports*, 7, Article No. 8179,2017, Gonze and Calmon, *Science of the Total Environment*, 601, 2017, 301–316）

としては、雨水を介して降ってきたものと、雨水を経由せず直接そのまま降ってきたものがある。いずれにせよ放射性セシウムの多くがスギやマツなどの枝葉や幹、樹冠に付着した。

落葉樹ではない針葉樹といえども、数年で葉は地面に落ちてくる。そのため樹木の放射性セシウムの量は指数関数的に減少している（図版4－1）。セシウムが半分になるまでにかかる時間は半年から1年半ほどと見積もられており、樹木自身の放射性セシウムの保持量は数年で10パーセント以下に減少した。しかしその一部は樹皮表面から樹木内に入り留まった。樹木の葉や枝に含まれる放射性セシウムは、葉や枝

図版4-2　土壌表層に留まる放射性セシウム

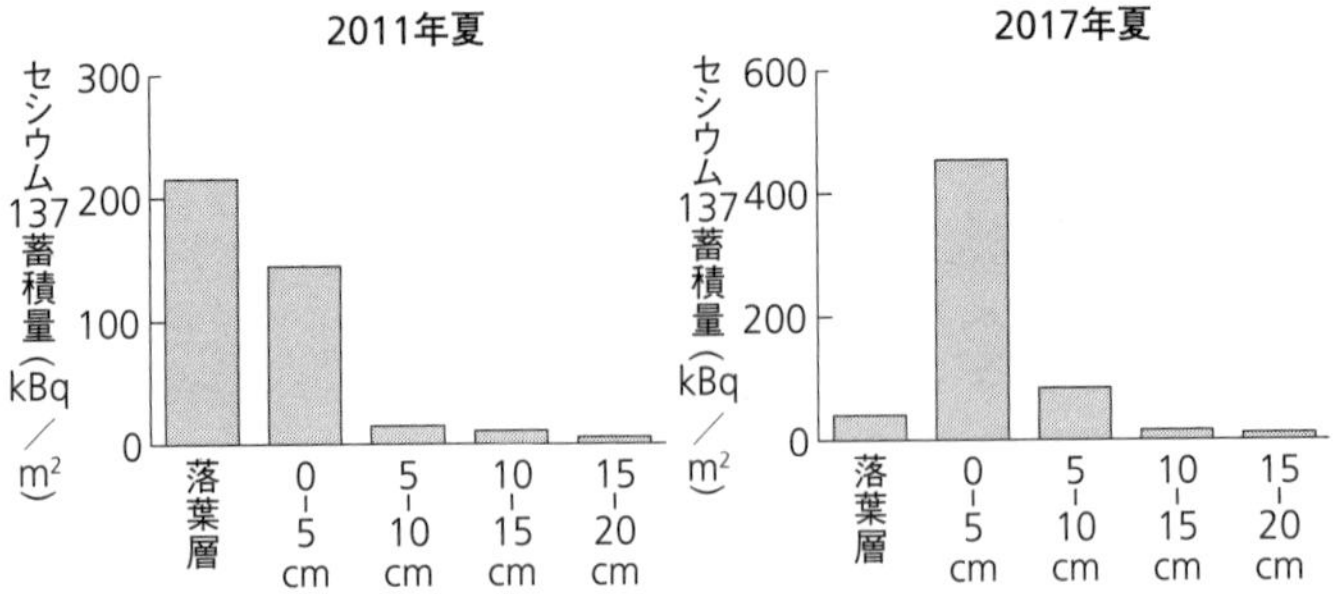

川内村のスギ林で計測。2011年に深さ20センチ程度にまで達したが量としては表層に留まる。この傾向は6年後も変わらなかった（提供：森林総合研究所）

が枯れて落ちるのに伴って地表へ移動した。

一方、地表においては、放射性セシウムは表層の落葉層（落枝含む）で長く滞留することなく、徐々にその下の土壌表層部分へと移動していった。事故初年に地表から20センチほどの深いところまで移動しているものもあったが、大部分は落葉層ならびに地表から5センチ以内の土壌に留まっていた（図版4－2）。その後地表の有機物が微生物により分解されるにつれて、放射性セシウムは落葉層から土壌表層部分へと移動し、落葉した有機物の放射性セシウム量は激減した。しかし、土壌表層部分に移った放射性セシウムは留まっており、この分布形態はその後も大きくは変化していない。

林野庁によると、福島県大玉《おおたま》村でのスギ林とコナラ林における、森林全体の放射性セシウム蓄積量の分布は、図版4－3のよう推移している。森林の放射性セシウムは時間が経つにつれて、そのかなりの部分が樹木から落葉層へと

図版4-3　森林内の放射性物質の分布の変化

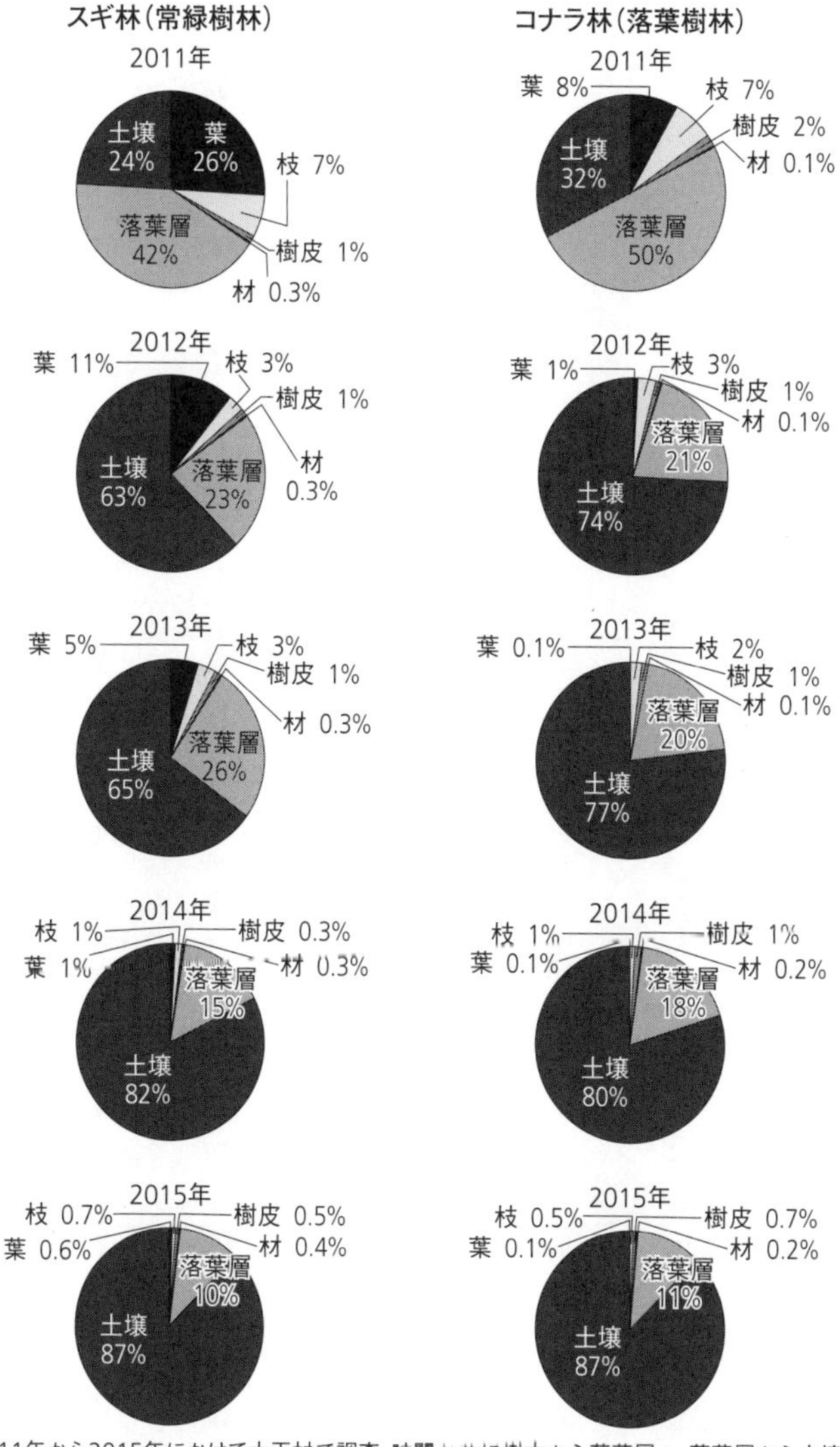

2011年から2015年にかけて大玉村で調査。時間と共に樹木から落葉層へ、落葉層から土壌へと移っている（出典：林野庁「平成26年度森林内の放射性物質の分布状況調査結果について」）

図版4-4　森林の空間線量率の推移

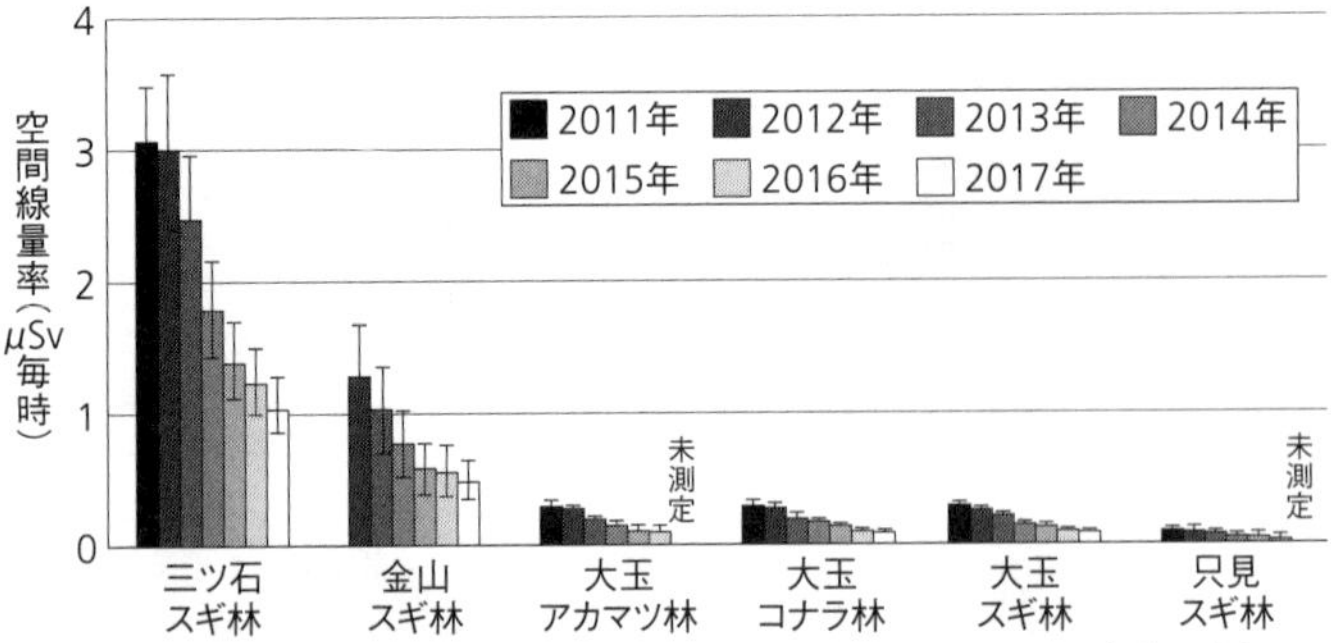

2011年から2017年にわたって地上1メートルで調査。顕著に減少しているが今後は減少のスピードが緩やかになると思われる（出典：森林総合研究所「森林の放射性セシウム分布の現状と今後の見通し」2018年、https://www.rinya.maff.go.jp/j/kaihatu/jyosen/attach/pdf/H30_shinpo-23.pdf）

地面の方に移ってきており、落葉が分解されるにつれて放射性セシウムは落葉層から土壌へと移っている。森林の状況によっては落葉の分解が進まず、落葉層に多く残っている林もある。しかし2015年になると、森林全体の放射性セシウムはその87パーセントが土壌に存在している。

このように、森林全体では放射性セシウムが次第に土壌に固定されつつある。そのため、除染については土壌をターゲットにした活動が行われることになる。

森林全体で樹木から土壌へ放射性セシウムが移動したことから、森林の空間線量率も次第に低下していくことが予想される。環境省は福島県の森林における空間線量率が年々減少していることを発表している。調査箇所数の比では、2011年から2015年の間に、毎時0・23マイクロシーベルト未満の区域は12パーセントから22パーセントへと増加し、それより線量率が

図版4-5　スギ雄花に含まれる放射性セシウム濃度の経年変化

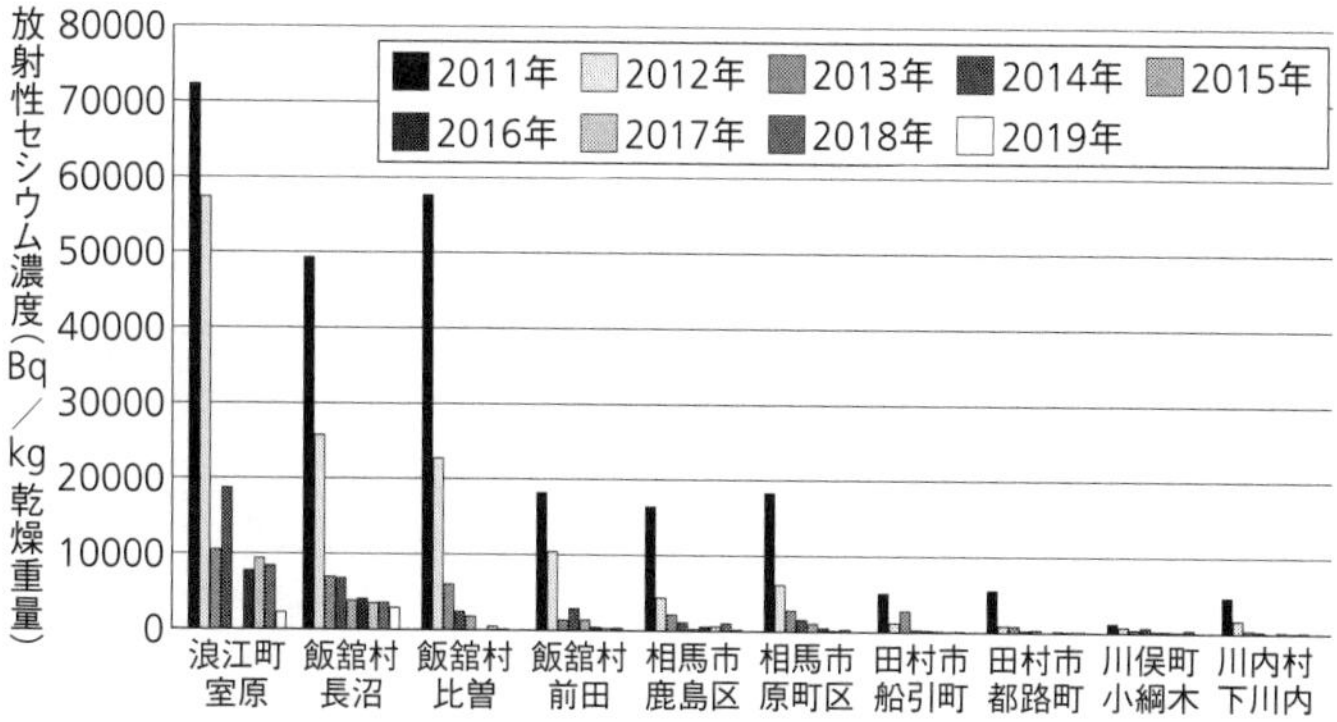

出典：林野庁「令和元（2019）年度スギの雄花に含まれる放射性セシウムの濃度の調査結果について」https://www.rinya.maff.go.jp/j/kaihatu/jyosen/attach/pdf/R1_jittaihaaku-4.pdf

高い毎時1・00マイクロシーベルトの区域は35パーセントから7パーセントへと減少した。また一方、林野庁では個々のスギ林、アカマツ林、コナラ林における空間線量率の変化も調べて発表している（図版4－4）。空間線量率は原則として地上1メートルの地点で測定するため、当初は落葉などの効果でかなり早く減少してきていることが示されたものの、放射性セシウムは固定されてもうあまり動かないこと、その半減期が30年であることから、今後は緩やかに減少していくものと予測される。

スギ林の放射能汚染を考える際、私たちに身近なスギ花粉の問題も意味を持ってくる。スギ花粉の吸入は防ぐことが困難で、毎年スギ花粉が飛来する季節にはアレルギーの症状を起こす人も多い。そこで心配されるスギ花粉の汚染の実態について、林野庁は10地点で雄花《おばな》を採取し、その中の放射性セシウム量を長期にわたってモニタリングした。スギ雄花中の放射性セシウムの濃度はスギ花粉中の濃度と同じと見積もられたからである。モニタリングの結果、雄花中の放射性セシウム濃度は時間と共に指数関数的に減少していた（図版4－5）。また、合わせて同時に測定した空間線量率も、雄花の放射性セシウム濃度が減少するにつれて減少したことも報告されている。ちなみに、その際に測定されたスギ花粉の中で最大量の放射性セシウムを含む花粉（1キログラムあたり12・2キロベクレル）が大気中に飛散し、それを人が吸入したとすると、その人が受ける放射線量は毎時0・000113マイクロシーベルトとなる。これは、東京都新宿区で観測された放射線量、毎時0・036マイクロシーベルトよりはるかに低いことが試算されている。

樹木の汚染

森林の放射能汚染については全体像が分かってきたものの、個々の樹木についての調査研究は非常に少ない。スギにしてもマツにしても大きな樹木を細かく調査することは、重機を使った伐採も含むので容易ではない。また、どのような形の試料に調製して測定や分析をするかにも、農作物とは異なる技術が必要となる。

振り返ってみると、原発事故当時は冬の終わりでもあり、落葉樹の葉はすでに落ちて樹体に付いてはいなかった。一方、針葉樹に付いていた葉は、降ってきた放射性核種を受け止めることになる。針葉樹の葉は文字通り細い葉ではあるが、降ってきた放射性核種のかなりの部分が、これらの葉によってしっかりと固定された。放射性核種もその葉に付着して残った。実際、放射性核種の量は、高い位置にある葉ほど多かった。葉の間をすり抜けて降下してきた放射性核種は樹木の幹にも付着し、葉と同じように樹木の上部ほど多くなった。枝に降ってきた放射性核種は上半分に多く下側には少なかった。こうした付着のしかたは、私たちが容易に想像できる部分である。

益守らは、スギとアカマツについて汚染の状況をていねいに調べた。まず、2012年、南相馬市の森林に入り、空間線量率が毎時1.8マイクロシーベルトの林で樹高22、23メートルほどのスギとアカマツを伐採した。その結果、地表、つまり落葉層の放射線量は1キログラムあたり120キロベクレルであった。その下の土壌について放射線量を測定したところ、土壌表面（0―2センチ）の部分は1桁下がって同12キロベクレルであり、もう少し下方、土壌表面から2―5センチのところではさらに1桁下がって同1.5キロベクレルであった。

伐採した樹木については、まず、全体の放射性セシウム濃度を測定するために、枝葉、幹および根を切り分けて、それぞれの組織の放射線量を測定した。さらに樹木内に取り込まれた放射性セシウム量を調べるため、幹の高さごとに小口材を切り出した。樹木も枝下高も高いため、これらの作業は大仕事であった。そして分けられた、心材、辺材、樹皮ごとの放射性セシウム濃

図版4-6　スギの放射性セシウム濃度

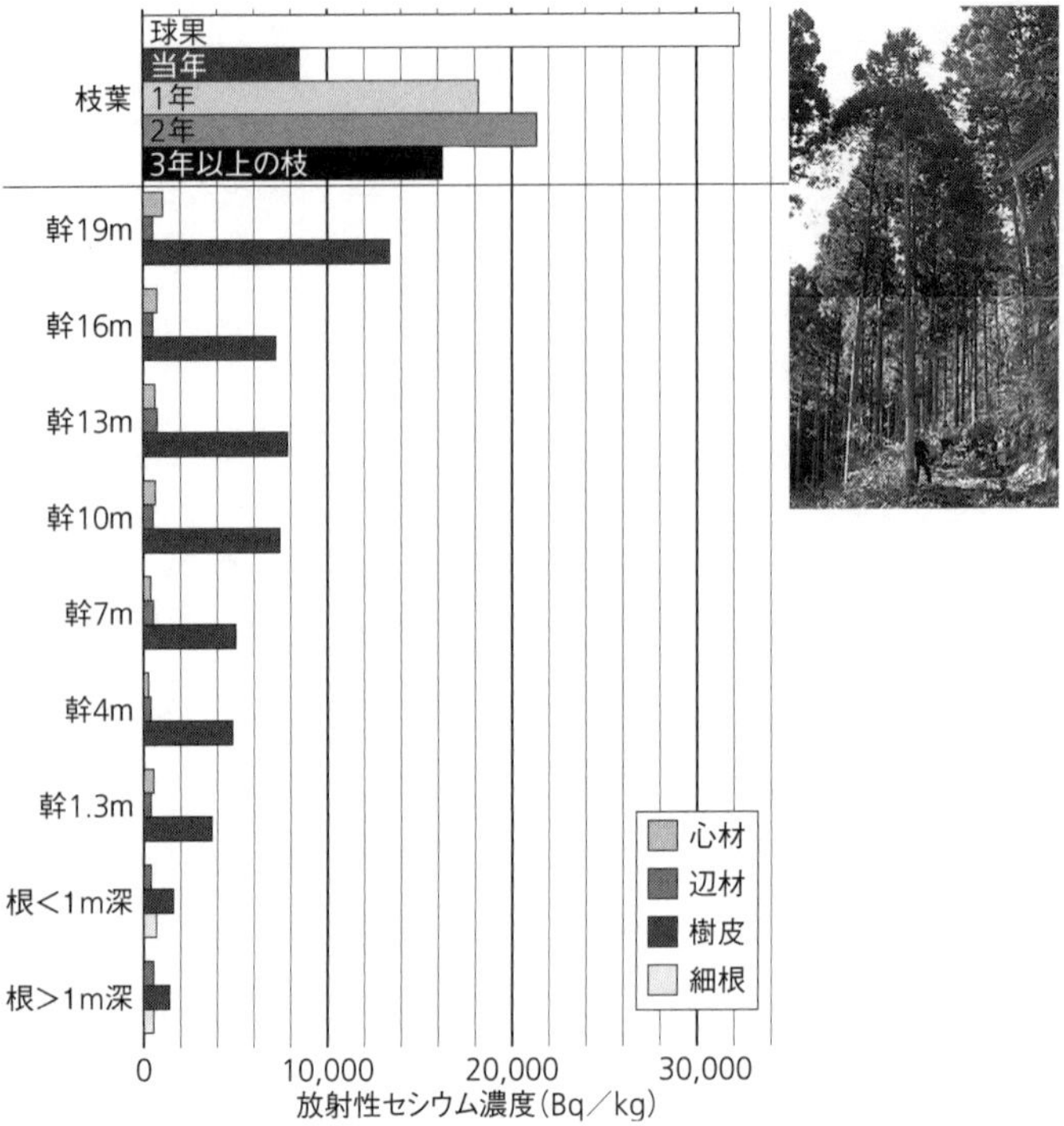

枝葉の放射性セシウム濃度が樹皮よりも高い。フォールアウトのかなりの量を枝葉が受け止めていたことを示す（提供：丹下健氏・益守眞也氏）

度を測定した。その結果、スギもアカマツも枝葉の放射性セシウム濃度が樹皮よりもかなり高く、降ってきた放射性セシウムのかなりの量を、枝葉が受け止めていたことが分かった（図版4－6、4－7）。

図版4-7　アカマツの放射性セシウム濃度

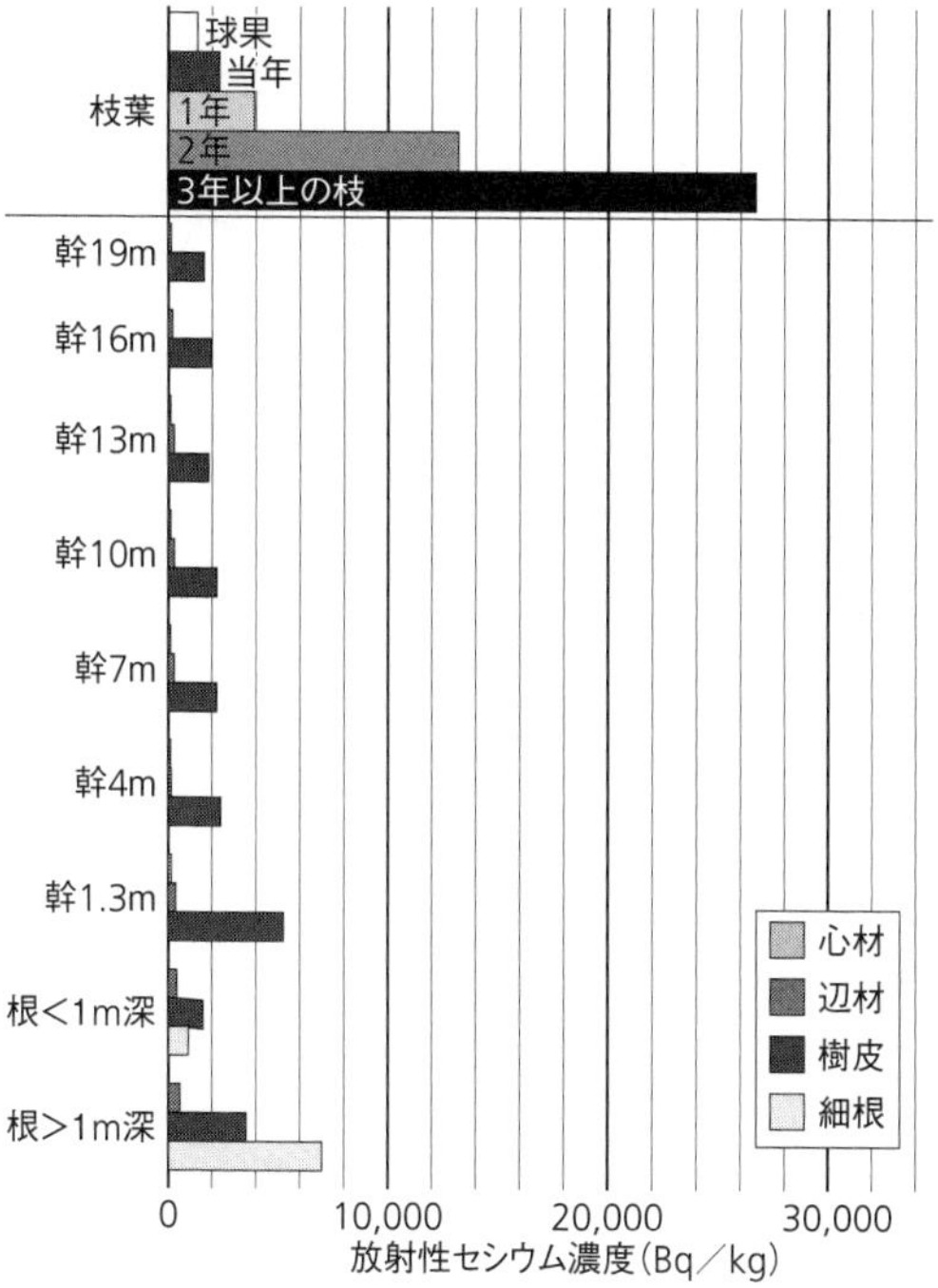

枝葉の濃度が樹皮よりも非常に高かった（提供：丹下健氏・益守眞也氏）

全ての枝葉の放射性セシウムの濃度は幹よりもはるかに高いことが示された。つまり、葉をすり抜けて降ってきた放射性セシウムが幹に付着したことになる。特にスギでは球果（樹のつける実）の放射性セシウム濃度が最も高く、また枝と全ての葉の放射性セシウム濃度はほぼ同じであった。2012年の調査結果では、スギの幹の内部では辺材部ならびに心材部の放射性セシウムの含有量はほぼ同じであり、両者の全放射性セシウム含有量を合わせると樹皮の全放射性セシウム含有量にほぼ等しくなった。一方、アカマツでは放射性セシウムは葉よりも枝に多く存在し、樹皮の内側は少なかった。

次に、高さに沿って切り出した小口材の放射性セシウムの分布像を、イメージングプレートを使って可視化した。するとスギは樹皮の放射線量が高く、また10メートル以上の高さでは、心材の方にかなりの量が蓄積していることが示された。一方、アカマツの場合には放射性セシウムは樹皮には多いものの、樹皮の内部はスギと比較して少ないことが分かった(図版4－8、4－9)。アカマツの幹では、樹皮に付着した放射性セシウムはほとんど内部へ動かず、樹皮に留まっていたのである。

スギの場合、幹中の放射性セシウム濃度が高いことが分かったが、このセシウムはどこから入ってきたのだろうか。20メートルもの高さの樹木の根は地下深くまで生育している。しかし飛散してきた放射性核種は土壌にしっかり固定され、地表から5センチ以内にその大部分が留まっている。樹木の根の活動がさかんな場所、つまり水分や養分を吸収する場所の根は地表から何十センチも深いところにあるが、その場所に放射性核種はほとんど存在しない。つまり、幹の中の放射性核種は根から吸収されたものではなく、幹表面に付着したものが内部へ移動したものだと考えられる。

図版4-8　スギの断面図（右）と放射性セシウム像（左）

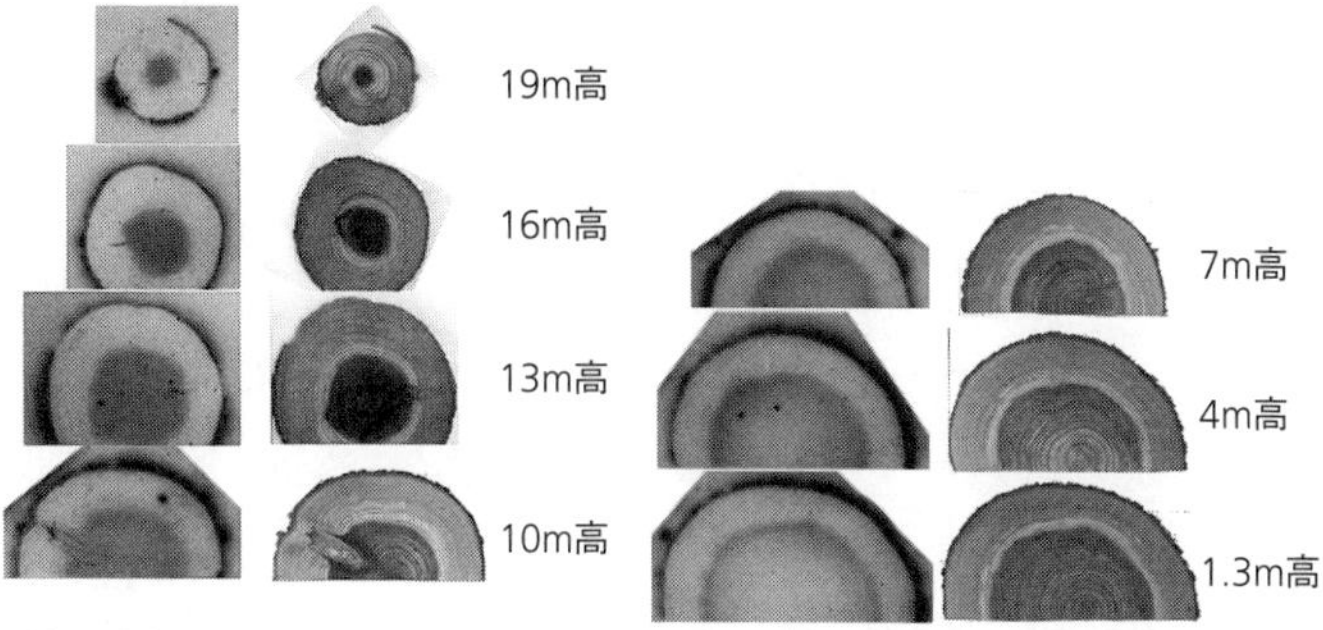

樹皮の濃度が高く、10メートル高以上では特に心材で濃い（提供：丹下健氏・益守眞也氏）

図版4-9　アカマツの断面図（右）と放射性セシウム像（左）

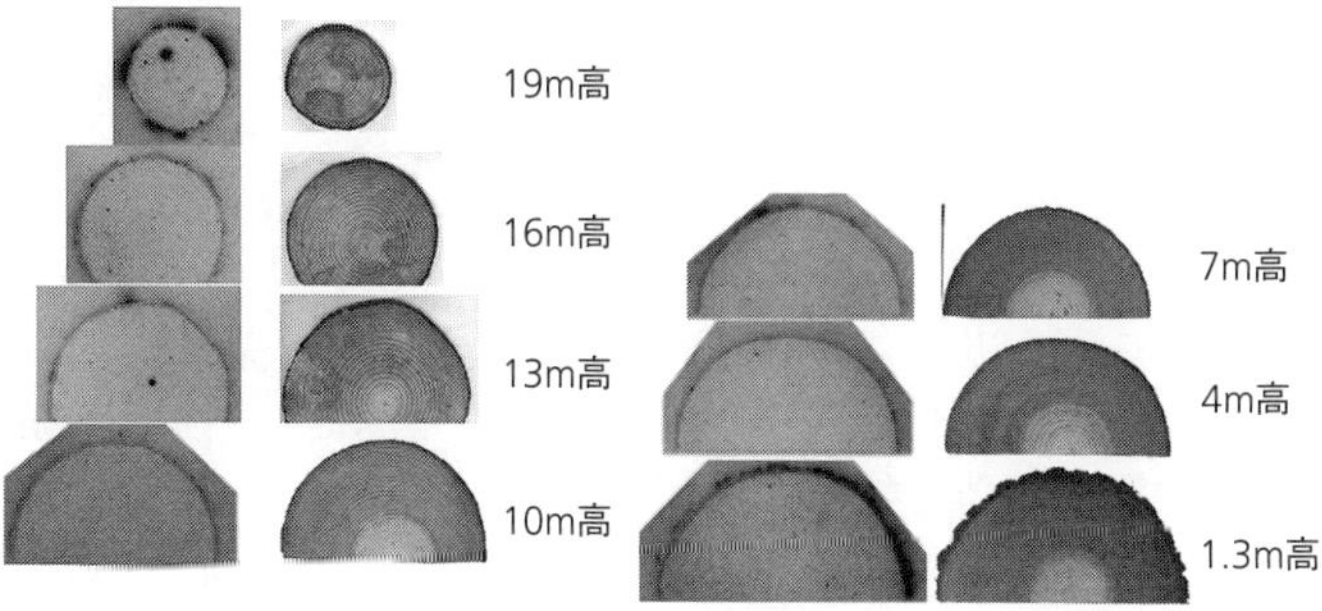

樹皮には多いが、内部はスギと比較すると少ない（提供：丹下健氏・益守眞也氏）

たまたま事故直前に根元から伐倒され、葉が付いたまま放置されているスギが見つかった。そこで、このスギの根元から1.2メートルおよび13メートルの高さの小口材を切り出して内部の放射性セシウム濃度分布を測定してみた。すると、樹木内の辺材部と心材部にはかなりの量が分布しており、セシウムは樹皮から内部へ移動したことが分かった。この、根がなかった樹木はほとんど生きた活動をしていると考えられないものの、幹表面に付着した放射性核種は幹内に移動したことが確認されたのである。

翌2013年に益守らは同様の実験を繰り返した。その結果、1年を経るとスギもアカマツも枝葉の放射性セシウムの量がやや減ったことが確認された。針葉樹の葉も落葉することから、放射性核種が付着した葉の一部が落ち葉として地表へ移ったためと考えられた。そして、スギでは辺材よりも心材の濃度が高くなり、放射性セシウムがより内側へと移動していることも分かった。土壌に吸着した放射性セシウムはほとんど動かないことが確かめられているが、スギの場合には幹表面から幹内部へと動いた放射性セシウムは、辺材部から心材部へと動いていた。

スギの幹中の水の動きにはわからないことが多い。スギには同じ品種でも、赤心《あかじん》、黒心《くろじん》と呼ばれるものが存在し、赤心は文字通り心材部の色が黒心よりも明るい茶色であり、心材部の水分量が少ない。逆に黒心は心材部の水分量が多いものの、伐採して中を見るまでは赤心か黒心かはわからない。かつて演習林で隣り合って生育しているスギを伐採したことがあるが、同じ品種であるにもかかわらず、一方は赤心で、もう一方は黒心であった。材として利用するところは心材部なので、黒心の場合には当初から水分量が多く、乾燥過程でも十分に水を除去することができない。そのため加工した後、時間の経過と共に徐々に水分がなくなるので歪みを生じやすく、水分の少ない赤心と比較して、良い材とは言えない。

ただ、何が幹中の水分量を決めているのかについてはよく分かっていない。スギの場合には、白線帯と呼ばれる、やや白く水分量が非常に少ない年輪層が辺材と心材の間に存在する。樹木の生長に伴って心材部は大きくなるが、それに伴って白線帯の位置も外側にずれていく。黒心の場合には、成長して大きくなっていく心材部にはそれまでと同様に多量の水が含まれるようになる。つまり、心材に向かって白線帯を乗り越える、水平方向へのゆっくりとした水の動きが存在するのではないかと考えられるのである。もしこのような水の動きが常にあるとすれば、幹表面から内部に入っていった放射性セシウムが水の動きと共に徐々に内部へと動いたことが示唆されているのかもしれない。ただ、このような動きを示す放射性セシウムがどのような化学形態であるのかについては今のところ不明である。

森林をどう除染するか

前述したように、放射性物質汚染対処特措法に基づいて11市町村が除染特別地域に指定された。この除染特別地域とは、追加被曝線量が年間20ミリシーベルト（空間線量率が毎時3.8マイクロシーベルト）以上の地域、および原発から半径20キロ圏内の「旧警戒区域」である。その森林面積は約8万ヘクタール、うち国有林が5万ヘクタールを占めている。ちなみに汚染状況重点調査地域と指定された森林はさらに広い40市町村・49万ヘクタール（うち国有林は16万ヘクタール）であり、追加被曝線量が年間1ミリシーベルト（空間線量率が毎時0・23マイクロシーベルト）を超える地域となっている。

除染は、追加被曝量が年間20ミリシーベルト以上である地域を段階的かつ迅速に縮小することが目指されており、年間被曝線量が20ミリシーベルト未満の地域においては、長期的な目標として年間1ミリシーベルト以下になることが目標とされている。しかし、除染作業や汚染状況が対象物により異なることから、放射線量の低減目標値は特には設定されていない。

森林の除染については、居住者の生活環境周辺における放射線量を低減する観点から、林縁（森林の端）から20メートル程度を目安に、枝葉、落葉などの堆積した有機物を除去することが行われている。特に土壌については、落葉などを除去した後に露出する表土を流失させないよう、土嚢を並べるなどの注意が促されている。また除去した土壌などの仮置き場として国有林を活用する取り組みも行われている。

広い地域における放射線量を低くする試みとしては、木材などをチップ化して林内に散布することが行われた。実証試験結果によると、地表をチップで5―10センチの厚さで被覆することにより、地上1メートルの空間線量率はおよそ10パーセント低減することができた。この方法は間伐材を用いることにより森林整備ができるだけでなく、わずかではあるが森林内の放射線量の低減効果ももたらす。さらに、森林内で発生する放射性汚染物を森林内で処分することは、森林外へ汚染廃棄物を持ち出すことの抑制にも繋がるため着目されている手法である。

個々の樹木に取り込まれた放射性セシウム量の変化については林野庁が調査を行っており、放射性セシウム濃度が1キログラムあたり数千から数万ベクレルであったスギやコナラの樹皮については年々減少してきていることが分かってきた。しかし、1キログラムあたり数百から数十ベクレルと、樹皮と比較すればはるかに濃度が低いものの、スギの心材とコナラの辺材は濃度が増加する傾向が、調査区によっては見受けられた。

また、樹木の放射性セシウムの吸収量を低減させる目的でカリウムを施肥したところ、ヒノキでは2年目に葉・枝・根の全ての組織においてセシウム濃度が低くなった。これは、田畑における農作物栽培の際と同じ現象である。アルカリ金属であるセシウムと同じ性質を持つと想定され

図版4-10　日本の林業産出額の推移

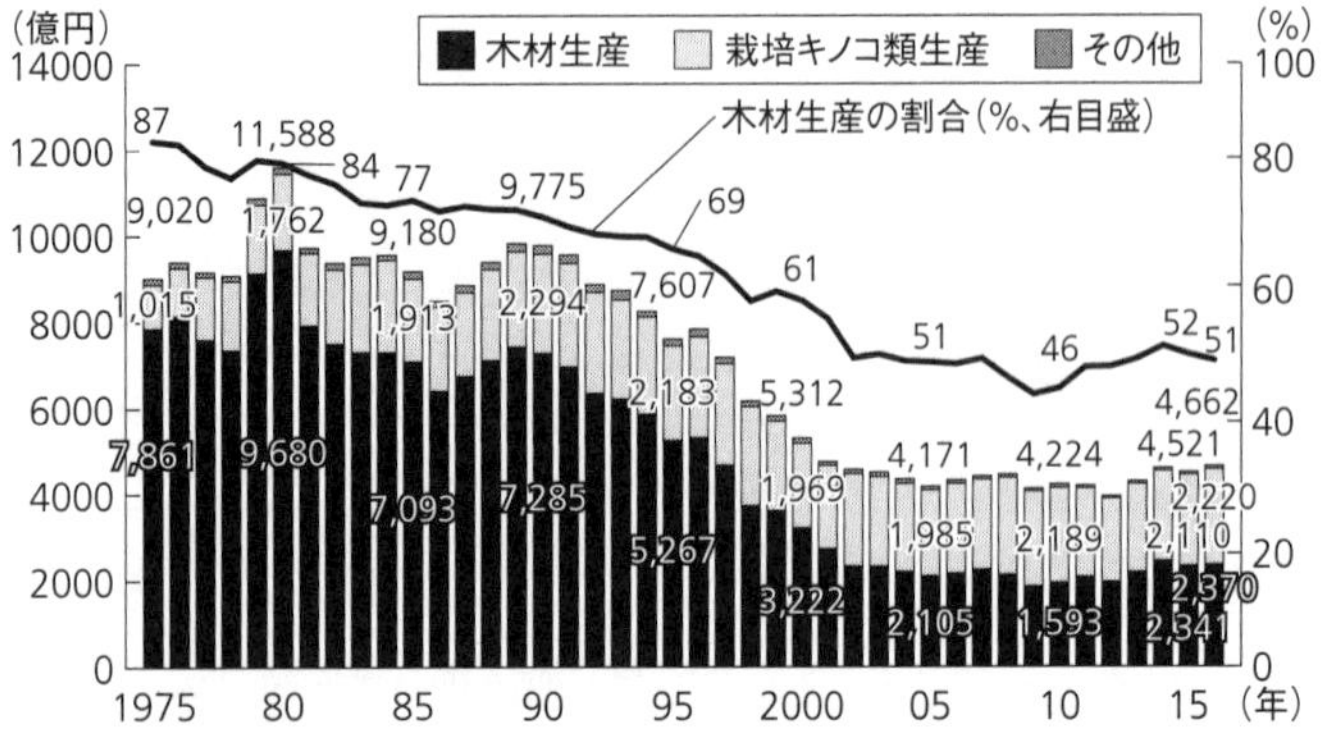

林業における産出額の約半分は栽培キノコ類生産が占める(出典:平成29年度 森林・林業白書)

るカリウムの濃度が高い場合、樹木でもカリウムをよく吸収し、セシウムの吸収量が抑えられることになる。

土壌中のカリウム濃度が樹木の放射性セシウムの吸収に影響することは分かったものの、広い森林全体にカリウムを散布することは困難である。ただ、放射性セシウムの大部分が表土に近いところに留まるため、土壌の深いところに生育している養分吸収活性の高い根が放射性セシウムと接することは少ない。そこで、これらの樹木の根からの放射性セシウムの吸収量はそれほど多くはならないと予想される。

キノコの汚染

キノコ栽培の生産額

林業では、木材生産については輸入の自由化が行われて以来、国内生産は減少の一途を辿ったもの

図版4-11　福島県におけるキノコ類の生産実績

	乾シイタケ	生シイタケ		ナメコ		ヒラタケ	マイタケ
		原木栽培	菌床栽培	原木栽培	容器栽培		
2009年	39.6	691.3	2,428.0	34.9	2,101.4	23.6	151.8
2010年	36.8	775.1	2,889.7	41.0	2,154.4	48.1	166.5
2011年	11.6	361.0	1,533.4	14.9	1,327.8	25.7	103.6
2012年	2.9	128.3	1,157.0	10.5	1,674.9	27.2	108.3
2013年	2.0	77.6	1,590.2	10.0	1,745.0	39.1	92.9

単位：トン。暦年（1-12月）データ

出典：平成26年福島県森林・林業統計書

の、キノコ生産は1960―1970年代から増加しはじめ、2002年以降は林業における産出額の約半分を、栽培キノコ類生産が占めるようになっている（図版4-10）。つまり現在では木材の生産額とキノコの生産額がほぼ同じであり、林業はキノコ栽培で支えられてきていると言っても過言ではない。

しかし、原発事故により福島県の林業の生産額は30―40パーセントほど減少し、翌年はさらに落ち込んできている。その後は少しは回復の兆しを見せているものの、栽培キノコの生産額の大幅な減少は大きな問題である。

一方、農業面では原発事故後生産額は20パーセントほど減少したものの、翌年はその半分ほどは回復してきており、林業と比較した場合に限って言えば、その回復は早い。林業では特に、原木（ほだ木）を用いる生シイタケ栽培の生産量の落ち込みが激しい。福島県では広葉樹の産出額も事故前は全国3位であったものの、事故後には従来の約半分となり、6

図版4-12　キノコの基準値と指標値

キノコ等の基準値

対象品目	基準値	設定時期
キノコ・山菜（一般食品基準）	100	2012年4月

キノコ原木・薪・木炭・ペレット等の当面の指標値

対象品目	指標値	設定時期
キノコ原木・ほだ木	50	2012年3月
菌床用培地	200	2012年3月
薪	40	2011年11月
木炭	280	2011年11月
木質ペレット（ホワイトペレット、全木ペレット）	40	2012年11月
木質ペレット（バークペレット）	300	2012年11月

単位：Bq/kg

出典：林野庁「放射性物質の現状と森林・林業の再生」平成30年度版、https://www.rinya.maff.go.jp/j/kaihatu/jyosen/attach/pdf/houshasei_panfu-11.pdf

位にまで落ち込んでいる。木材の出荷については、森林の放射能汚染のため伐採された丸太の量は10パーセント近く減少したものの、ほぼ横ばいか回復をしてきている。

２００９年から２０１３年のきのこ類の生産実績を図版４－11に示した。

ほだ木の指標値

なぜ、キノコ栽培だけが大きく減少したかといえば、まず、ほだ木の放射性セシウム濃度の指標値が非常に低く定められていることが挙げられる。

キノコにおける移行係数、つまりほだ木からキノコへ移動する放射性セシウム濃度の比は2、菌床用培地は0.5と見積もられている。食品の基準値が１キログラムあたり１００ベクレルなので、原木の指標値は同50ベクレル、菌床用培地と菌床は同２００ベクレルと定められた（図版4－12）。ほだ木については、放射能汚染を直接受

図版4-13　ほだ木育成のための広葉樹萌芽林の手入れ

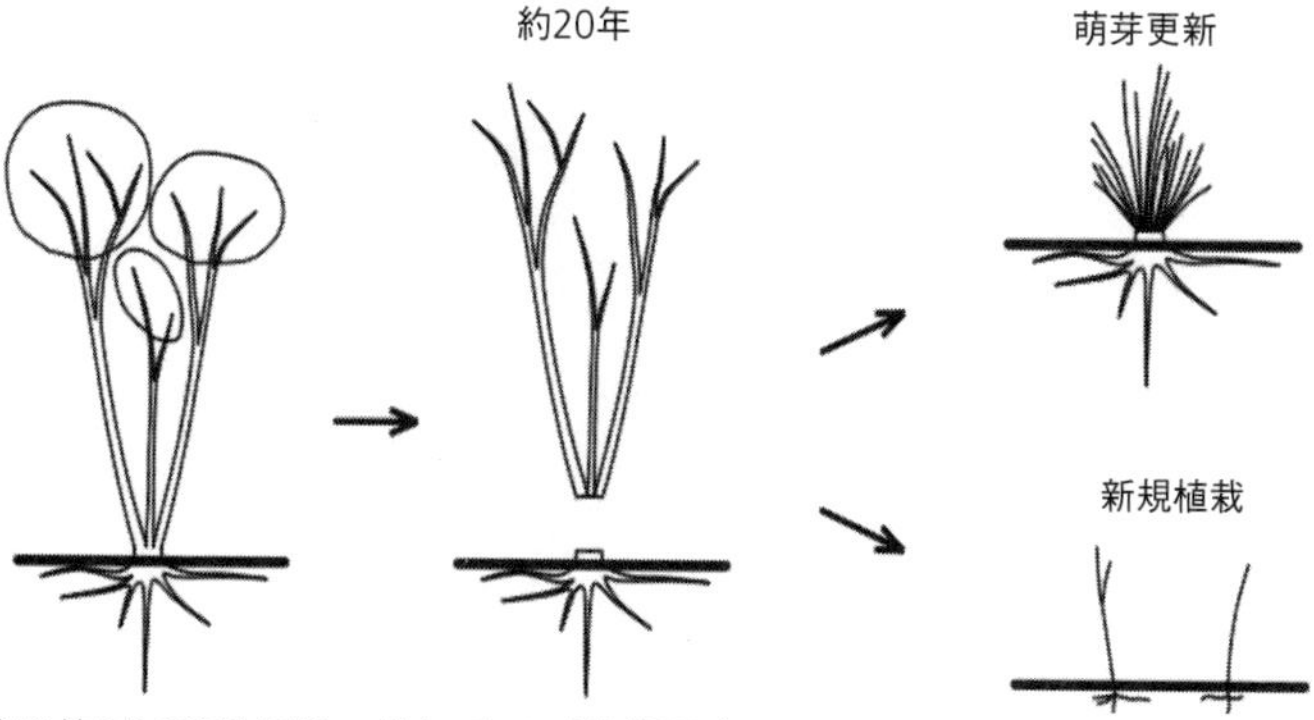

切り株からの萌芽を新しい樹木に育てる「萌芽更新」がいいか、新規に植栽する方がいいかは解明に時間がかかる（提供：三浦覚氏）

けた樹木からの萌芽枝（後述）ではこの値はほとんどクリアすることができない。

これまで福島県では、会津と阿武隈山地がキノコ牛産のほだ木の有力な産地であったが、その回復はなかなかめどが立たない状況である。キノコの栽培者が今最も関心を寄せていることは、直接汚染した原木のことではなく、どうすれば20年後に、汚染されていない原木を育てることができるかということである。

ほだ木となるコナラなど広葉樹への、土壌からの放射性セシウムの移行、また樹木を介したセシウムのキノコへの動態には未解明な点が多いため、まず、コナラ林内の放射性セシウムの蓄積量ならびにコナラ樹体内の放射性セシウムの分布などについて調査研究が行われた。そして、どうすればほだ木の放射性セシウムが基準値を下回るかを含め、調査研究が行われている。

ほだ木は樹齢20年ほどの萌芽を採取し、残った根株

図版4-14　コナラ林内のセシウム137蓄積量

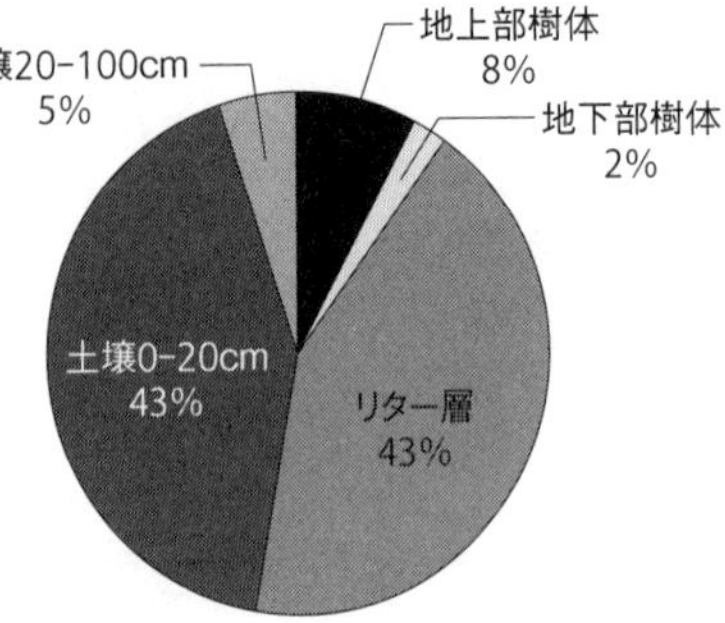

2014年に調査。樹そのものには10%程度が残存していた（提供：三浦覚氏）

から生育した萌芽をさらにほだ木となるまで育成する。次のほだ木が生育し売り物になるまでにまた20年かかるので、ほだ木中の放射性セシウム量をいかに低減するかについての検討と共に、ほだ木の育成法、つまり樹木の地上部を伐採し切り株から生えてきた新しい樹木をどう生育させていくか、新規に植栽をする方がいいのかなどについてもさらなる検討が必要である（図版4－13）。いずれにしても放射性セシウム含有量の低いほだ木の生産法と出荷の見通しを立てるのにはまだかなりの年数が必要である。

コナラ林の調査

現在、田村市都路《みやこじ》（原発から20キロほど西）のコナラ林で進んでいる調査について紹介したい。

そこは、航空機モニタリングで放射性セシウム線量が1平方メートルあたり100－300キロベクレルだったコナラ林で、まず、コナラ林の中の放射性セシウムの蓄積量を測定した。その結果、事故から3年後では樹体に10パーセントほどが残っており、残りは、土壌とリター層（落葉層）に約

図版4-15　コナラの地上部と地下部および周辺土壌の放射性セシウム濃度の比較

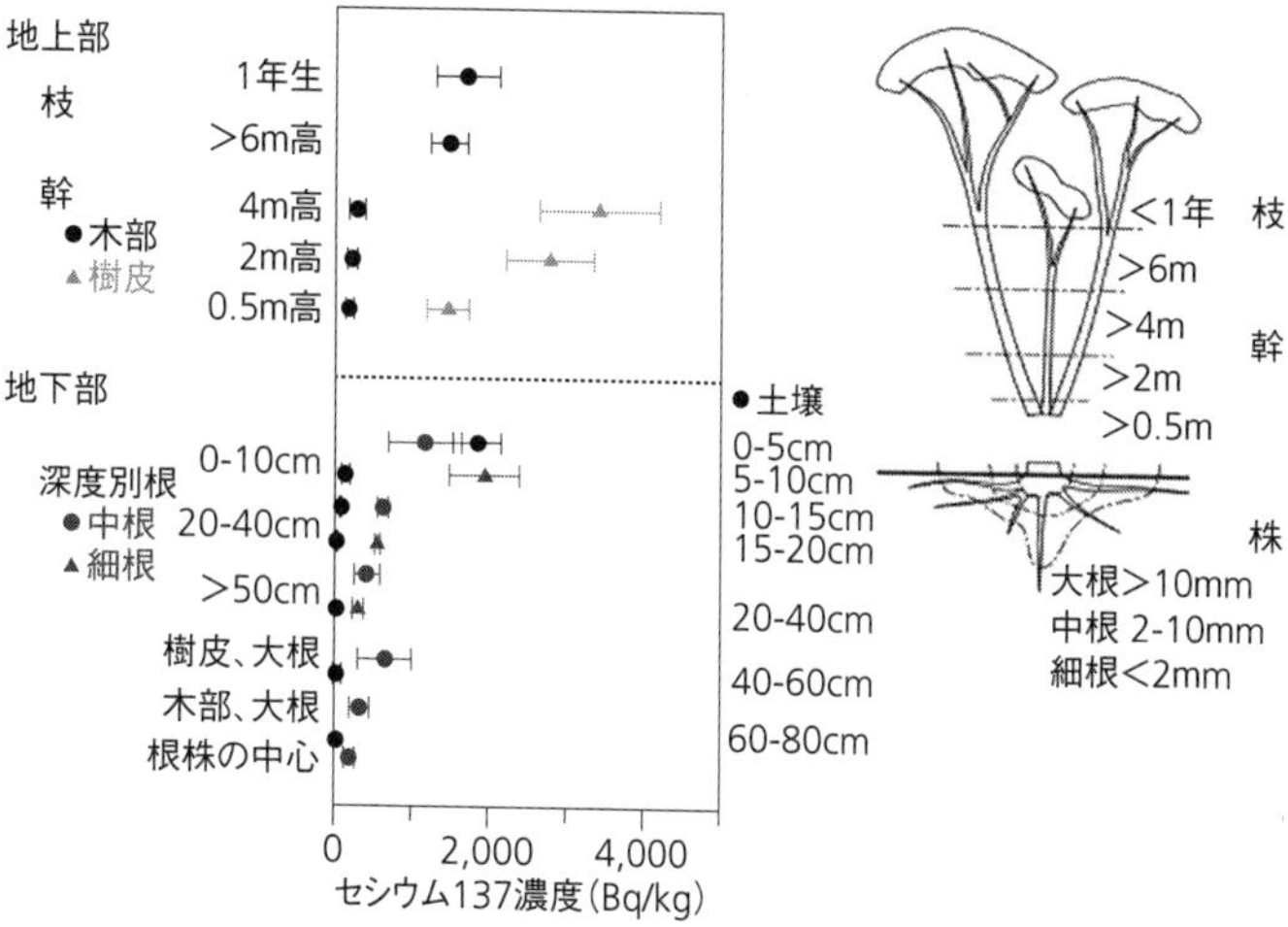

深部の根で濃度がやや高いのは、地上部から地下部へセシウムが移動したためと推測された(提供:三浦覚氏)

半分ずつ存在していることが分かった（図版4－14）。そして土壌でも、農地などほかの土壌と同様、放射性セシウムは表層0－5センチのところに大部分が存在することが確かめられた。

　コナラ樹木内の組織別の放射性セシウムの分布は図版4－15の通りである。樹木を伐採して各組織に切り分け、根を全て掘り出すことは多大な労力を伴う作業であった。樹体では84パーセントが地上部に存在していたが、枝と樹皮で71パーセントを占めた。地上部の伐採が可能なら約8割の放射性核種が除去されることになる。

　次に問題になるのは、樹木が土壌から放射性セシウムを吸収するのか、また樹木の中でセシウムが動くのかということである。地下部の放射性セシウムの分布と土壌中の分布とを比較すると、深いところの根の放射性セシウムがやや高かった。つまり、地表から40―60センチ深いところの根の放射性セシウム濃度が、10―15センチ深いところの根の濃度と同程度に少し高くなる。40―60センチ深いところでは、根の回りの土壌中には放射性セシウムがほとんどないにもかかわらず、根だけ濃度が高いのである。これはどういうことか。

前章で述べたように、深いところの根では地上部の落葉と同様、細根が代謝により土の中で切り離されるため、代謝された根により放射性セシウムが樹木外に排出される。そしてそこへ新たに生育してきた根が、排出された放射性セシウムを吸収する可能性、または、地上部の放射性セシウムが根の先へと移動する可能性も考えなくてはならない。

コナラの樹皮を除いた原木の放射性セシウム濃度を測定すると、キノコ原木の指標値である1キログラムあたり50ベクレルの5―10倍は高く、直接汚染したコナラの樹木からほだ木の採取をすることは不可能であることが示された。一方、都路での実験では土壌中のカリウム濃度が高いと樹木中の放射性セシウム濃度が低くなることも分かった。特に、もと田畑であったところに樹木が育った場所では、田畑であった際にカリ肥料が使われていたために土壌中のカリウム濃度が高い。そのため、このような場所に育った樹木中の放射性セシウム濃度は低くなると考えられた。

キノコにおける汚染の循環

キノコについては、原発事故直後に北海道・東京・静岡・愛知など各地の東大農学部演習林から採取して放射性セシウムを測定した。その結果、生きた樹木に寄生するものよりも、腐食した有機物に生育する腐生菌の方が放射性セシウム濃度が高かった。さらに全国から採取されたキノコを測定すると、ほぼ1：1であるはずの、福島原発事故で飛散したセシウム137とセシウム134の比が大きく異なっていた。キノコによってはセシウム137しか測定できないものもあった。これはつまり、これらのキノコで測定された放射性セシウムが2011年の事故に由来するものではないということを示している。

放射性セシウムの半減期はセシウム137が30年、セシウム134が2年である。つまり、事故以前のフォールアウトの中で、半減期が短いセシウム134は崩壊して検出できず、半減期が長いセシウム137だけが測定されたということになる。このセシウムの起源は1960年代から1980年代にかけて世界で行われた核実験によるグローバルフォールアウトである。この件については前の本（NHKブックス『土壌汚染』、2013年）で紹介したので詳細は省略するが、キノコは森の中で自分の回りの小さな環境で循環させながら何十年間も、土壌に含まれる放射性セシウムを維持し続けているのである。

山菜の汚染

福島県では、特に山に近い場所に住んでいる人たちに、山菜を食する習慣が根強くある。森林の除染範囲のめどは林縁から20メートルのところなので、森林の中に自生している多くの山菜は除染されていないところに育っている。放射性セシウムを含んだ表層の落葉は、山菜が生育するときの養分の供給源である。また土壌も粘土鉱物の含量が少ないため、山菜への放射性セシウムの移行は高いと見積もられた。山菜の中でも多年草や樹木の場合には、根からの吸収に加え、直接付着したセシウムが体内に移行し蓄積をしている可能性が高い。また、自生植物に対して土壌にカリウムを散布する対策はとりにくい。

このような状況下、汚染が高いと見積もられる山菜ではあるが、福島県ではコシアブラ、タラノメ、フキノトウなどの各種山菜について放射性セシウム濃度の測定を行っている。調べてみると放射性セシウムの汚染の程度は山菜の種類によって大きく異なっている。山菜がどこに生育するのかによっても放射性セシウムの濃度は大きく変わる。例えばツルアジサイは岩上のコケに付着根を張る。またイワガラミはスギの樹皮に根を張る。またカタクリなどは深根性であり放射性セシウムの吸収量が少ない。フキは成長に伴い放射性セシウムの濃度が希釈されていく。そしてモニタリングの調査結果では、穀類や野菜などの栽培植物と比較して放射性セシウム濃度が基準

図版4-16　福島県における山菜ごとの出荷制限地域

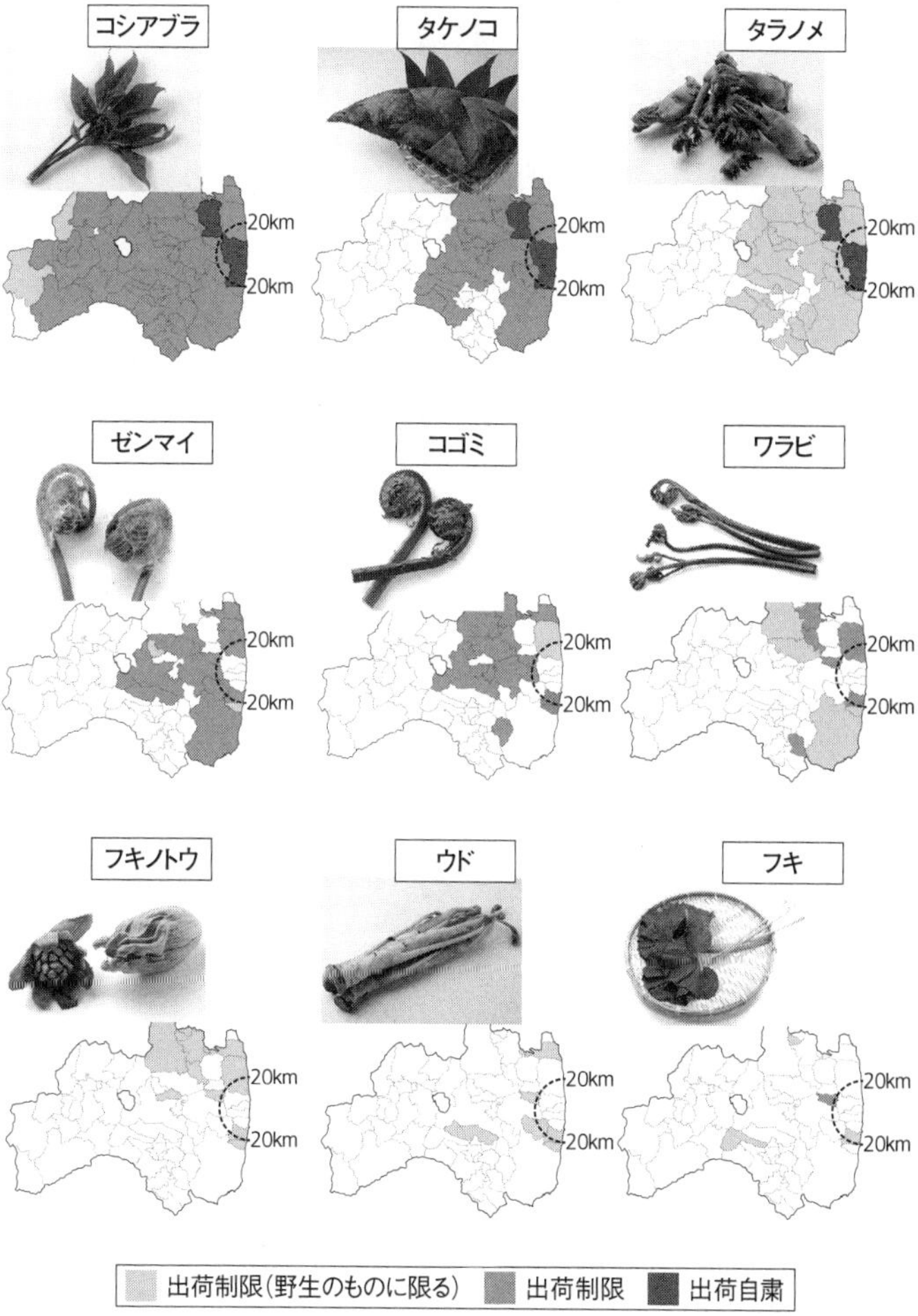

出典：福島県「きのこ、山菜類のモニタリングと出荷制限品目・市町村について」(https://www.pref.fukushima.lg.jp/sec/36055c/ringyo-monitoring.html)、コシアブラ・タラノメ・コゴミ・ワラビ・フキノトウ・ウド写真提供：成清徹也氏、ゼンマイ写真提供：岡部留美氏

値よりも高い割合を示す山菜が多いものの、年々これらの濃度は低下する傾向を示している。

山菜の中では、特にコシアブラで、基準値の1キログラムあたり100ベクレルを超えているものが2015年でも試料中30パーセントほどもあり、2018年の出荷制限地域は福島県のほぼ全域となっている（図版4－17）。

コシアブラは全国に生育するウコギ科ウコギ属の落葉樹木であり、樹高は20メートルほどになるが、若芽は栄養価も高く風味が良いので山菜の中でも人気が高い。一方、木材からは、山形県米沢市に伝わる笹野一刀彫と呼ばれる玩具が作られ、樹液は工芸用塗料にも使用されていた。

二瓶らが2014年にコシアブラ中の放射性セシウム濃度を測定したところ、濃度は幹よりも葉で高く、葉でもより新しい方が高かったが、部位ごとに大きな差は見られなかった。濃度には季節変化があり、食用とする春の葉で高くなっていた（図版4－18）。コシアブラは春に一斉に葉を展開するのではなく、幹に近いところから順番に葉を展開しながら枝を伸ばしていく植物であり、成長が速いものの芽の数は少ない。そのため春に、カリウムと同様にセシウムの濃度が高くなるのではないかと考えられた。翌2015年の測定でも同様に、春に濃度が高くなった。

これらの出荷制限を乗り越えるための手順は福島県が定めている。まず、山菜も1市町村あたり3地点で基準値以下であることを確認する。次にそこで育つコシアブラ中の放射性セシウム濃度が2年間安定して、食品基準値である1キログラムあたり100ベクレルよりも低いことを示す。

図版4-17　コシアブラの出荷制限市町村

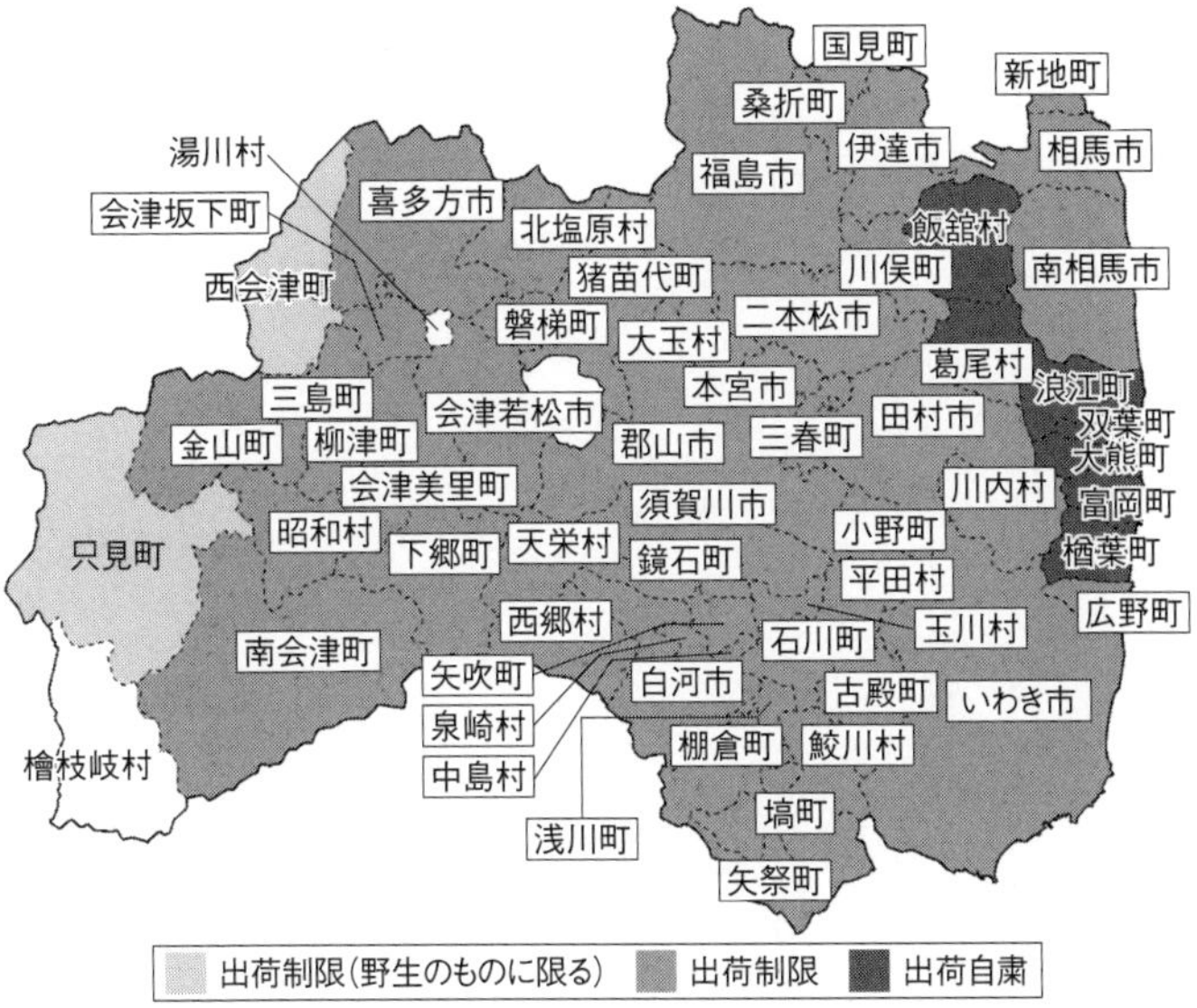

2016年5月までに、57市町村中、飯舘村・浪江町・双葉町・大熊町・富岡町・楢葉町(出荷自粛)、檜枝岐村・湯川村(制限なし)以外の49市町村では制限がかかった(出典：福島県「こしあぶら出荷制限位置図」 https://www.pref.fukushima.lg.jp/uploaded/attachment/406586.pdf)

図版4-18　コシアブラの樹木の放射性セシウムと放射性カリウムの濃度

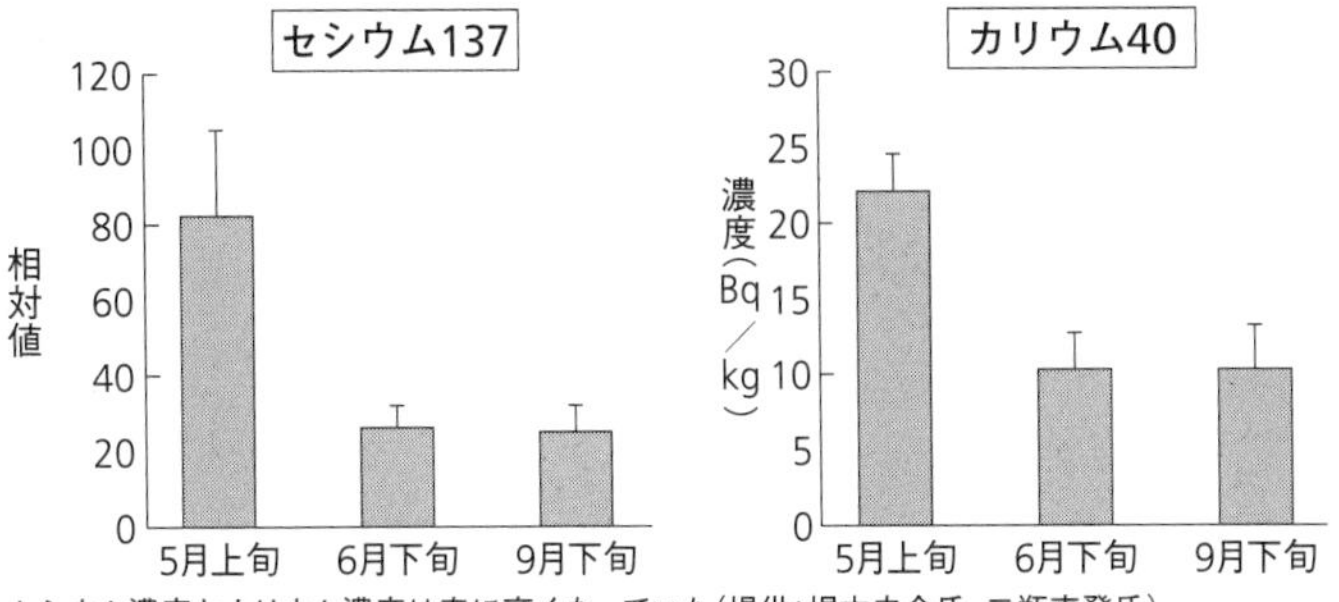

セシウム濃度とカリウム濃度は春に高くなっていた(提供：根本圭介氏・二瓶直登氏)

その上で次の3年目の年に出荷解除のための試験が行われる。全ての市町村で、自生ではなく管理された栽培が条件として求められるので、出荷するための道のりはかなり険しいと言わざるを得ない。

二　セシウムの流出

どこから流出するのか

森林では、汚染された樹木の葉は徐々に地表に落ち、その落葉に付いた放射性セシウムは落葉の分解と共に徐々に土壌に吸着し、動かなくなってきていることをこれまでに述べてきた。そこでこの節では、こうした放射性セシウムが森林からどう流出するのかについて調べてきた結果を説明したい。

まず、森林と土壌の関係について簡単にまとめておこう。かつて森林の樹木が伐採されて地上面が露出していた多くの山々では、斜面を階段状に切るなど土砂移動の防止策が施され、その後、緑化も徐々に進められた。そして、このような施策により、年数千人を数えることもあった、土砂災害を含む自然災害の犠牲者数は大きく減少した。現在は、緑化で再生した山も含め、森林からの直接の土砂の流出はほとんどなくなったと言えるだろう。土砂の流出についてはデータがある。すなわち、荒廃地に比較して耕地からの流出土砂量は10分の1以下の値となり、森林では耕地よりもさらに1桁低い値を示している。

森林には水源としての機能もある。一般に森林が水を保全する量は草地の2倍、裸地の3倍といわれている。そして、落葉樹林の方が針葉樹林よりも水の保全能力が高い。樹木の根の研究の第一人者である苅住昇は日本中の何百本もの樹木について、根のまわりの土壌を取り除き、土壌中の根の形態を詳細に写し取った。地面に縄を格子状に張り、その縄を頼りに、どこにどのような根の形態が見えるかを詳細にスケッチしている。上から見た根の水平面上の形態のみならず、異なる深さの地層を貫いている根がどのように生育しているかも調べている。その結果、深さ方向に伸びていく根は、水分や養分の多い地層に来ると、その層の厚さだけ、「二次根」をびっしりと生育させることがわかった。記録によると、ブナの根は二次根がよく発達しているが、樹種によって土壌中の根の生育形態が異なることから、その場所の水の保全能力は生育している樹木の根に依存していることになる。

さて、今回の場合は、放射性セシウムは土壌中の粘土鉱物や有機物に吸着し、水にはほとんど溶けていない。つまり、放射性セシウムは溶存態ではなく、懸濁態として存在している。そして森林から放射性セシウムが流出するのは、この懸濁態の粒子が巻き上げられて、川の水と共に動く場合がほとんどである。

すなわち、森林からの放射性セシウムの流出を観測するための主な指標は、森林の土壌そのものの動きなのである。このことについてこれまで分かってきたことをまとめてみたい。

森林の中で放射性セシウムはどう動くか

森林で何が起きているかを知ることは、森林が自然に近い生態系であることから、生態系における生物の活動への影響を調べる上でも有意義である。また、森林中での放射性セシウムの動きが分かれば、森林からの放射性セシウムの流出に関する知見を得ることができるだろう。

森林の中では、実際にはどのくらいの量の放射性セシウムが動いているのだろうか。この問題にアプローチするためには２つの側面を考える必要がある。ひとつは水文《すいもん》学が明らかにしてきたような、水の流れと共に動くという面と、もうひとつは生物を介した動き、つまり生物間で動くという面である。これらの、水による物質循環に着目したアプローチと、生物群集への移行・分散へのアプローチとの両者について、順に見ていきたい。

水の流れに伴った動き

水と共に動く放射性セシウムを調べるために考えるべきなのは次の3つである。すなわち第一に、森林に降ってきた雨によって、樹木からどのように放射性セシウムが地面に流れ落ちるのか。次に、放射性セシウムが付着した落ち葉、地面の有機物の層、表面土壌の鉱物が、水と共にどのように流れるのか。そして、その水は森林中でどのように流れていくか、である。

これらを解明するために、大手らは伊達市小国地区の水田上流部で2012年から2年半ほどかけて調査を行った。場所は、最上流部に森林があり下流部に農地がある7キロほどの上小国川で、空間線量率は毎時0.5—1.0マイクロシーベルトであった。まず、森の中で一番ダイナミックと予想された、雨による放射性セシウムの動きを調べてみた。

図版4—19に示されるように、まず雨量、それから樹木に降ってくる雨が樹木の幹を伝ってどのくらい地表面に落ちてくるかを示す「樹幹

図版4-19　雨に伴う林内での放射性セシウムの動き

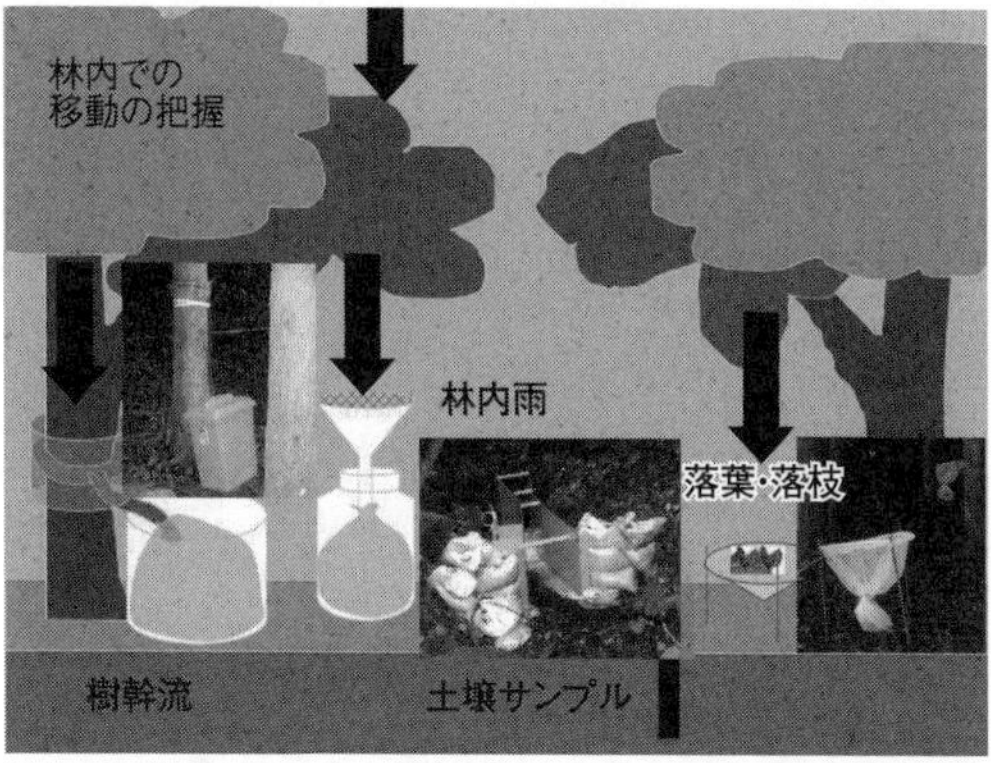

幹を伝う樹幹流のセシウム濃度は小川の水より高かった。落葉・落枝中の濃度はスギとアカマツでは当初の1kgあたり数万ベクレルから次第に減少した。広葉樹の落葉からは同1千ベクレル単位の濃度が測定された（提供：大手信人氏）

流」と、実際に落ちてくる落葉の量を測定した。また、森林の中の小川を流れる水の量が測定できるよう、森林内で、試料のサンプリングができる器具を設置した。そして採取した試料中の放射性セシウム濃度を測定したのである。

その結果、まず樹幹流であるが、雨によりスギの幹を伝って流れ落ちてくる放射性セシウム濃度を測定したところ、1日1平方メートルあたり6―13ベクレルと、小川の水よりもかなり高いことが分かった。

次に、降雨に関係なく森の中で動いている、地面に落ちた葉や枝（落葉・落枝）を調べた。針葉樹の人工林や広葉樹林の中では、スギとアカマツからの落葉落枝中の放射性セシウム濃度が圧倒的に高く、1キログラムあたり数万ベクレルであったが、次の年になると次第にその値は減少していった。ただ、広葉樹からの落葉には、樹皮濃度より1桁は低いものの1千ベクレル単位の放射性セシウムが測定されたことが問題となった。

イメージングプレートを用いて落葉の中の放射性セシウム分布を可視化すると、アカマツの葉には点々と放射性セシウムが付着した箇所が写るものの、コナラの落葉には付着した像はほとんどなかった。しかしながら、葉全体に放射性セシウムが含まれていることが分かった。これは、冬の終わりである事故当時、広葉樹には葉がなかったことから、広葉樹からの落葉に放射性セシウムが直接付着することはなく、広葉樹に新しく生育した葉に樹木内部のどこかから放射性セシウムが転流してきたことを示している。それが根からなのか、樹皮を通して樹木内に入ったのかは分からないものの、その量から考えてみると、樹皮から樹木内に入ったものが、次の年に生育する葉に移行したのではないかと推測される。

コナラとスギでは樹皮に付着した放射性セシウムの量が異なり、コナラの方が1キログラムあたり1、2万ベクレルで、スギの5千―1万5千ベクレルよりも高かった。事故当時に葉が落ちていたコナラには樹皮へ一様に放射性セシウムが降ってきたと考えられ、ややばらついてはいたものの、地面から12メートル付近までの幹へはほぼ一様に放射性セシウムが付着していた。これに対してスギの幹では、樹高が高いところほど濃度が高かった。葉がついていたスギの場合、放射性セシウムは葉で受け止められたために地面に近いところまではあまり届かなかったものと考えられる。また、スギの幹の中の放射性セシウム濃度は翌年には減少した一方、コナラでは増加したというように、針葉樹と広葉樹では放射性セシウムの動きが異なっていた。しかし樹幹流においては、コナラの樹幹流中に含まれる放射性セシウムの濃度は、スギの場合と同等かそれ未満であった。測定結果から、森林の中では、降水により樹冠から地表へ供給される放射性セシウム量は1平方メートルあたり年間1800―3700ベクレル、落葉・落枝による供給量は1平方メートルあたり年間1400―4800ベクレルであることが示された。

河川水の放射性セシウム濃度を調べてみると、大雨が降った際には一時的に高くなるものの、

図版4-20　降雨後の河川流量と放射性セシウム濃度の変化

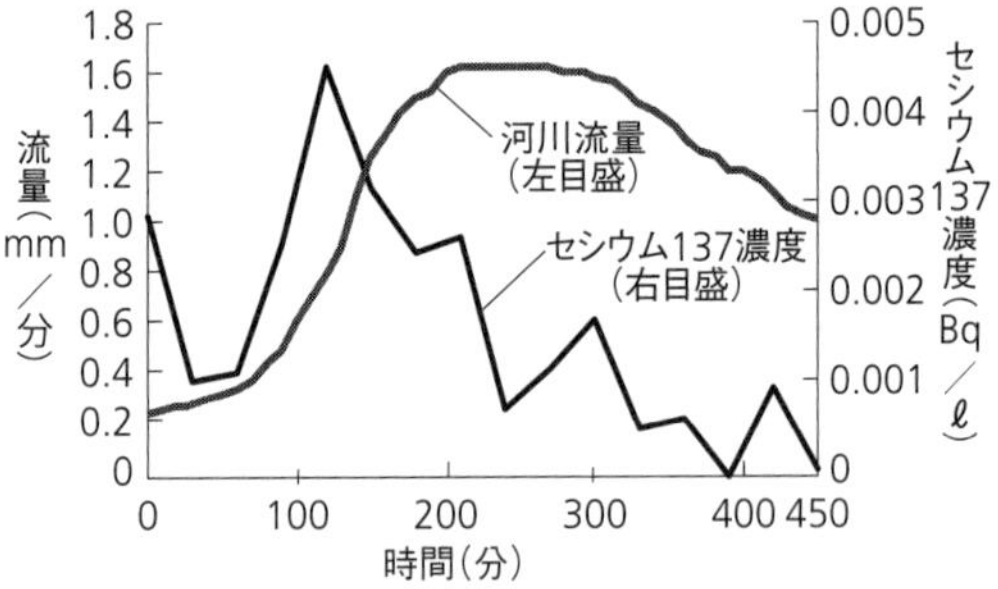

河川の流量（点線）の増加と共にセシウム濃度は一挙に薄まった（提供：大手信人氏）

多量の水に押し流され、その後すぐに薄まって濃度が低くなった（図版4－20）。この多量の水とは、森林が土壌中に貯蔵していた水と雨水が一緒になって流れてきたものと解釈される。雨の降り始めは濁った水が流れるものの、次第に透明な水になっていく過程を想像すれば分かりやすいかもしれない。

森林を流れる小川に含まれる放射性セシウムの主な化学形態は懸濁態である。しかし水に溶け込んでいる溶存態の放射性セシウムもあり、こちらの濃度は1リットルあたり0.2ベクレル以下であった。このことから、簡易のフィルターを通せば土壌粒子に吸着した懸濁態のセシウムを濾《こ》し取ることができるため、ほとんどの放射性セシウムが除去できることが分かる。

また、支流と合流するところでも放射性セシウム濃度が高くなる場合があったが、ここでも放射性セシウムは懸濁態であった。つまり、放射性セシウムは水に溶け込んでおらず、粘土鉱物や有機物に吸着したものが水の流れの変化で巻き上げられて、水と共に動いているということである。

さらに調べてみると、懸濁態の放射性セシウムが森の集水域から流出する量は、1年間に1平方メートルあたり330—670ベクレルであった。この値は土壌汚染マップから求めた放射性セシウムの降下量、1平方メートルあたり30万—100万ベクレルと比較すると1千分の1のオーダーであり極めて低い。

図版4-21　森林内での放射性セシウムの動き

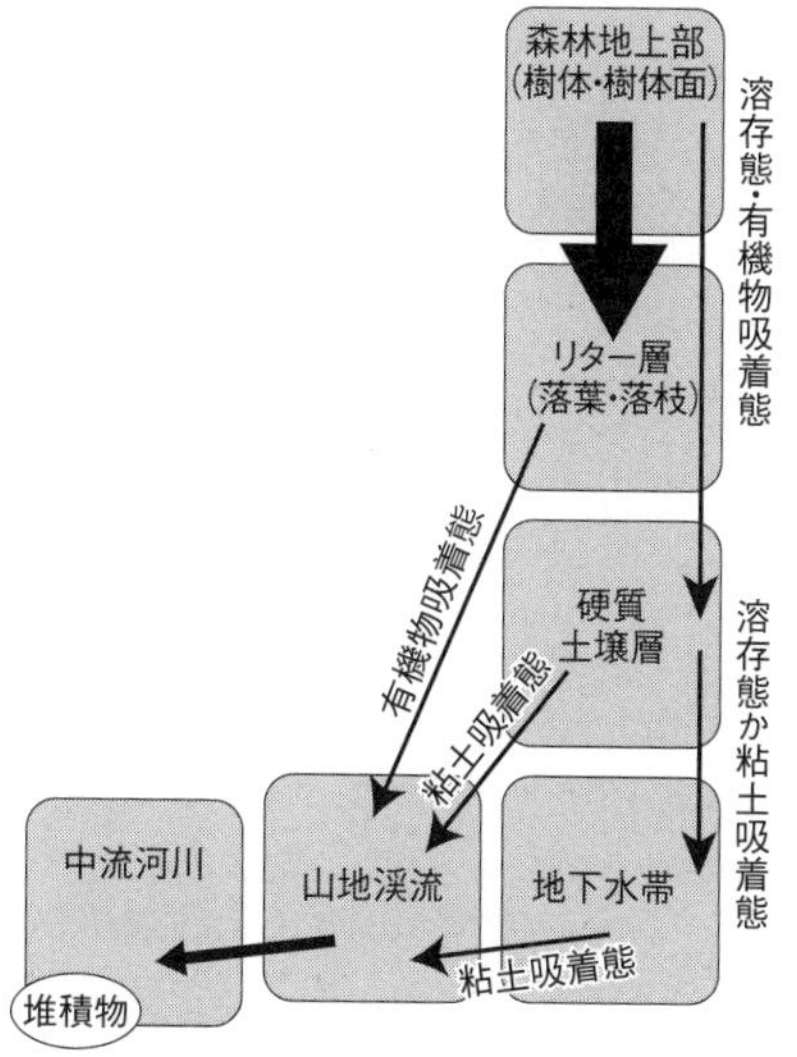

地上部(樹冠)からリター層への動きが最大で、河川へはそれほど流れていかない(提供:大手信人氏)

森林内で最もダイナミックに放射性セシウムを押し流しているのは樹幹流であるが、この中ではほとんどが懸濁態のセシウムであり、また、森林から流れ出る水中の放射性セシウムの量は極めてわずかであることが分かった。このことは後述の、塩澤らの調査で明らかになった、ため池、河川、ダムにおける放射性セシウムの動きともよく整合している。

以上のように森林内での放射性セシ

ウムの動きは、図版4－21に示されるように、河川を流れる量よりも、樹体幹表面などの地上部からリター（落葉・落枝）の層に動く量の方が圧倒的に多い。つまり、森林の中では樹冠から土壌への動きはあるものの、森林全体の放射性セシウム量の変化については、放射性セシウムが水と共に流出していくのを期待するのではなく、森林内に吸着したまま半減期を待ち、放射線量が減少するのを待つしかないことを示している。

生物を介した動き

森林内での放射性セシウムの動きを考えるうえでもうひとつ考慮すべき重要な問題が、生物間の移動である。この問題については食物網、つまり食物連鎖を考えることから始めよう。

まず藻のようなプランクトンが小さな生き物によって捕食され、それを小さな魚が食べ、それをまた大きな魚が捕食し、次に鳥や人間が食べ、というように、自然界には栄養段階によって「食う・食われる」の関係がある。この段階は、ある指標によって知ることができる。

それは体内の窒素比である。自然に存在する窒素は大半が窒素14であるが、この安定同位体に窒素15がある。この窒素15の、窒素14に対する比（$\delta^{15}N$）が、栄養段階が上がるたびに変化するのである。例えば図版4－22で、最も広く食べられる立場である一次生産者から、それを食べる一次消費者へ段階を上がると、1千分の3.4、つまり3.4パーミルだけ$\delta^{15}N$が上昇する。生物の$\delta^{15}N$

図版4-22　食物網と栄養段階

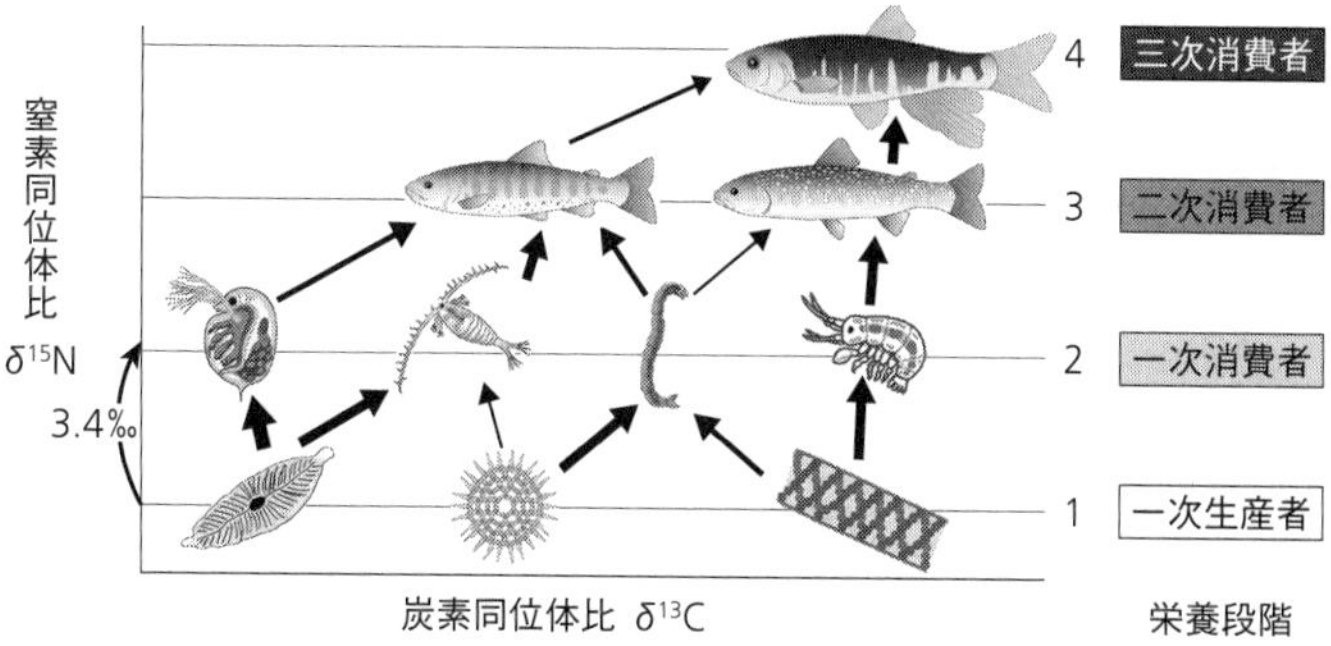

栄養段階が上がるにつれて窒素15の窒素14に対する比が大きくなる。炭素同位体比 $\delta^{13}C$ も各栄養段階で0–1.5%上昇する（提供：大手信人氏）

図版4-23　生物中のセシウム137濃度

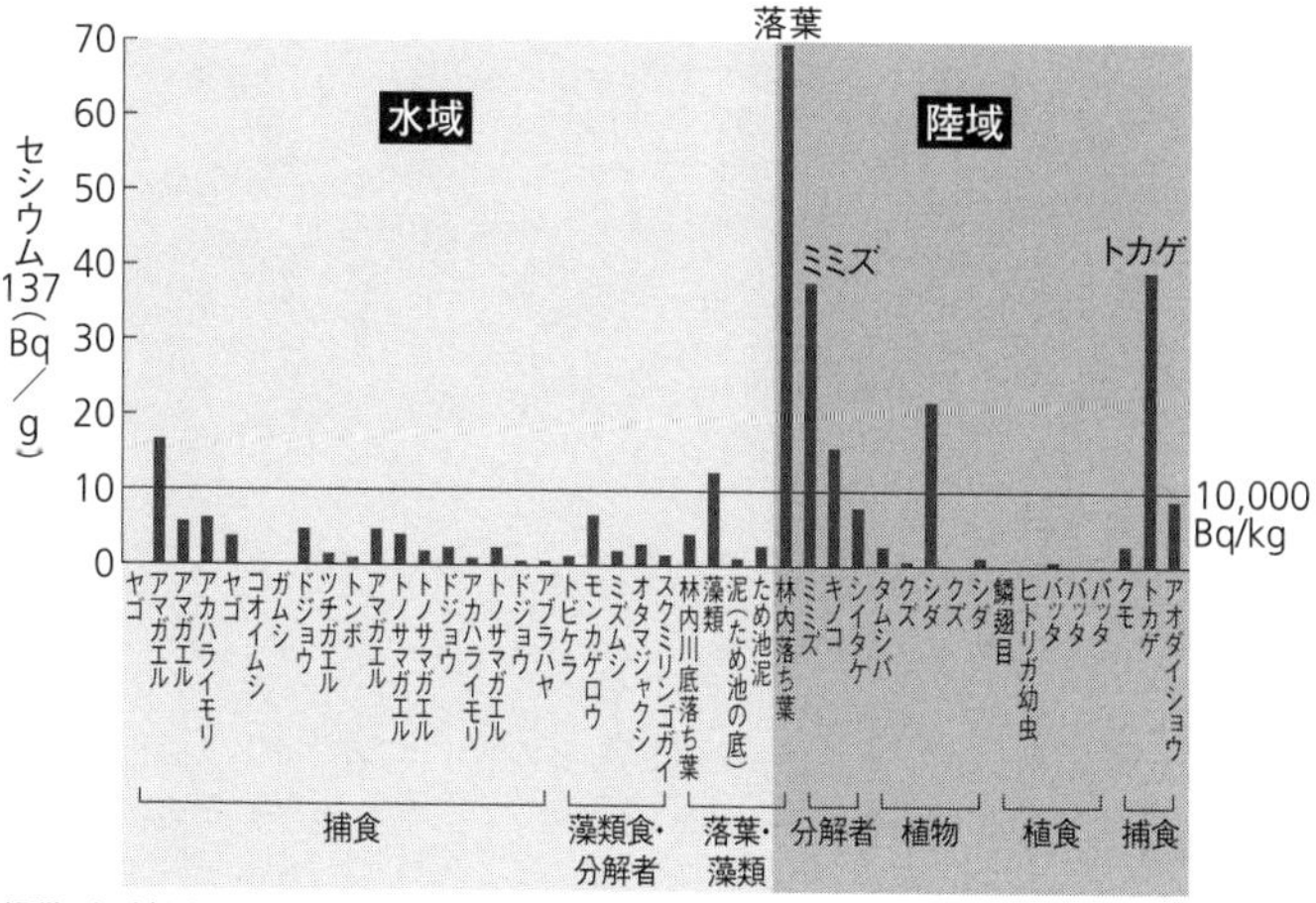

提供：大手信人氏

図版4-24　食物と捕食者の放射性セシウム濃度

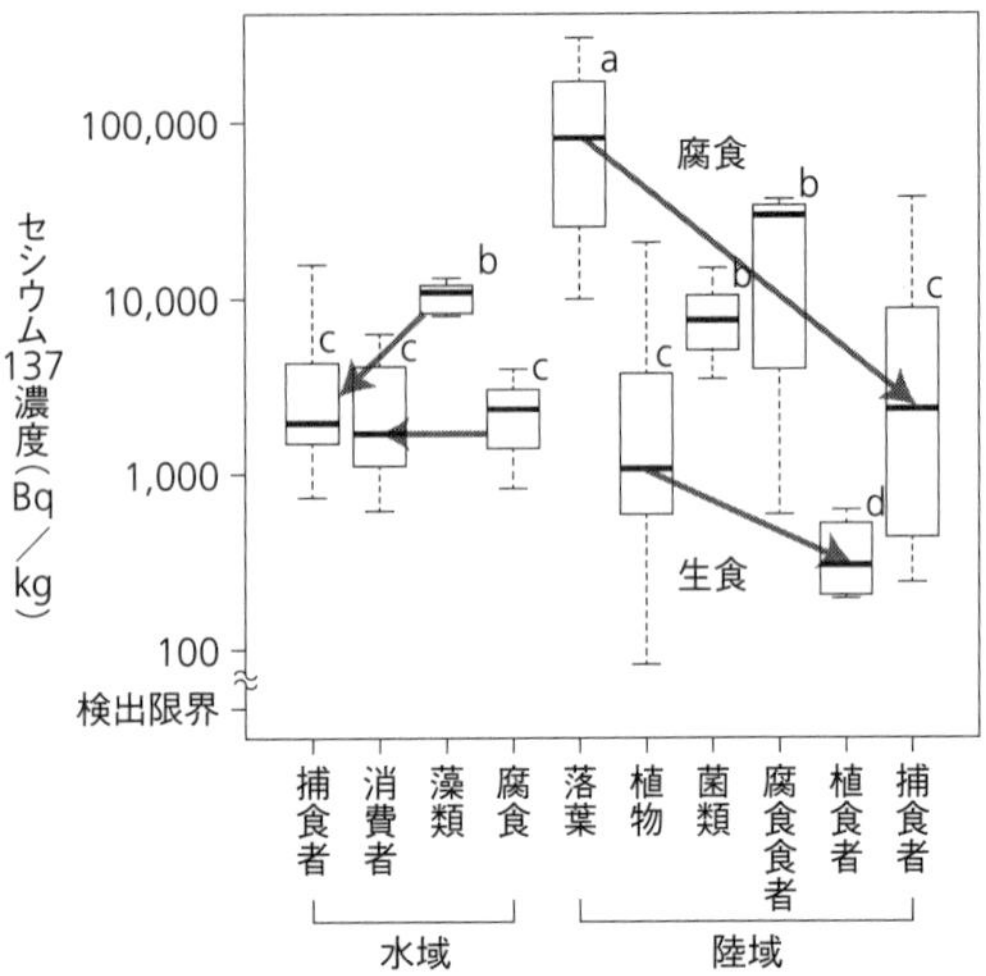

腐食した落ち葉を食べる生物は、生の植物を食べる生物より濃度が顕著に高かった（提供：大手信人氏）

の値を測定すれば、その生物は栄養段階の何段目に位置するかが分かるのである。

そこでまず、多くの生物について、その放射性セシウムの量を測定してみた（図版4－23）。一次生産者として落ち葉や藻、一次・二次消費者としてミミズ、クモ、カゲロウ、トビケラ、オタマジャクシ、二次・三次消費者（捕食者）としてヘビ、トカゲ、カエル、イモリ、ドジョウなどである。これらの生物を水域と陸域に分けて「食う・食われる」の関係を調べてみた。

まず、森林では腐食した落ち葉が最も放射性セシウム濃度が高いので、その中を動くミミズが高くなり、それを食べるトカゲが次に高いと分かる。そこで生き物を食物連鎖に沿ってグループ分けすると、腐食した落ち葉を食べる生物から始まる連鎖の上位にいる生物は、生の葉を食べる生物から始まる連鎖の上位にいる生物よりも、放射性セシウム濃度が何十倍か高くなる（図版4－24）。
　腐食した葉から始まる連鎖の中の生物への放射性セシウムの動きは大きく、生食から始まる連鎖の中の生物の方が放射性セシウム濃度が低い。これは、生食された植物のほとんどが事故後に生育した葉であり、そのため放射性セシウム濃度が低いからである。コナラの例に示されたように、放射性セシウムが樹木内の転流によって新しい葉に蓄積されることを考え合わせると、生食で始まる食物連鎖中の放射性セシウム濃度は、時間がたつにつれて次第に腐食連鎖に近づいていくのかもしれない。また水域では放射性セシウムがすぐに拡がってしまうことから、連鎖による動きは小さくなっている。

図版4-25 生物の栄養段階と放射性セシウム濃度

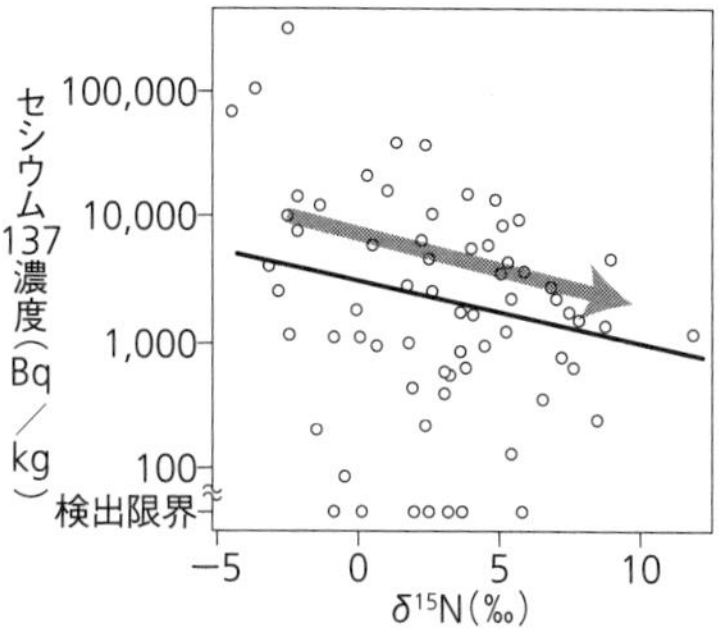

栄養段階が上がってもセシウム濃度は高くならなかった（提供：大手信人氏）

　これらの生物に含まれる放射性セシウム濃度を栄養段階ごとに並べてみると、ばらつきは大きいものの、段階の高いところに位置する生物の中に、放射性セシウム濃度が高いものは見当たらなかった（図版4－25）。つまり、調べた範囲においては、放射性セシウムに関しては、重金属汚染で見られたような「生物濃縮」が起こっていないことが示された。

しかし、特定生物が放射性セシウムを濃縮することはないのか、また食物連鎖での生物濃縮が本当にないかどうかをさらに調べていく必要がある。

森林周辺の水環境中ではどう動くか

森林の汚染に関連して河川が調べられたが、懸濁態の放射性セシウムが水によって運ばれるとすれば、河川だけでなく、山地のため池やダムも調べる必要性が生じる。

福島県の一部のため池や河川では、ホットスポットとして放射性セシウム濃度が高い底泥が見つかっている。これらの河川は森林から流れ出ており、一部はため池へと流れ込んでいる。このため、一時、これらのホットスポットは、森林からの放射性セシウムが流出してできたのではないかと話題になった。しかし放射性セシウムは土壌や有機物に強く吸着しているので、流出源は山や農地ではなく、市街地からの流出ではないかと予想された。

ため池の種類とセシウム蓄積の関係

市街地からの放射性セシウムの流出について確かめるため、塩沢らはため池の底泥に蓄積する放射性セシウム量が、上流域の土地利用の影響を受けてどのように変化するかを調べてみた。

ため池底泥の測定に用いる「サーベイメータ」には、防水カバーと発泡スチロールを取り付けた（図版4－26）。この装置は、発泡スチロールの設置により測定器周辺の水が排除されて感度が向上するだけでなく、底の土壌面に鉛直に接地させることが容易になった点が特徴である。

図版4-26　サーベイメータとその仕組み

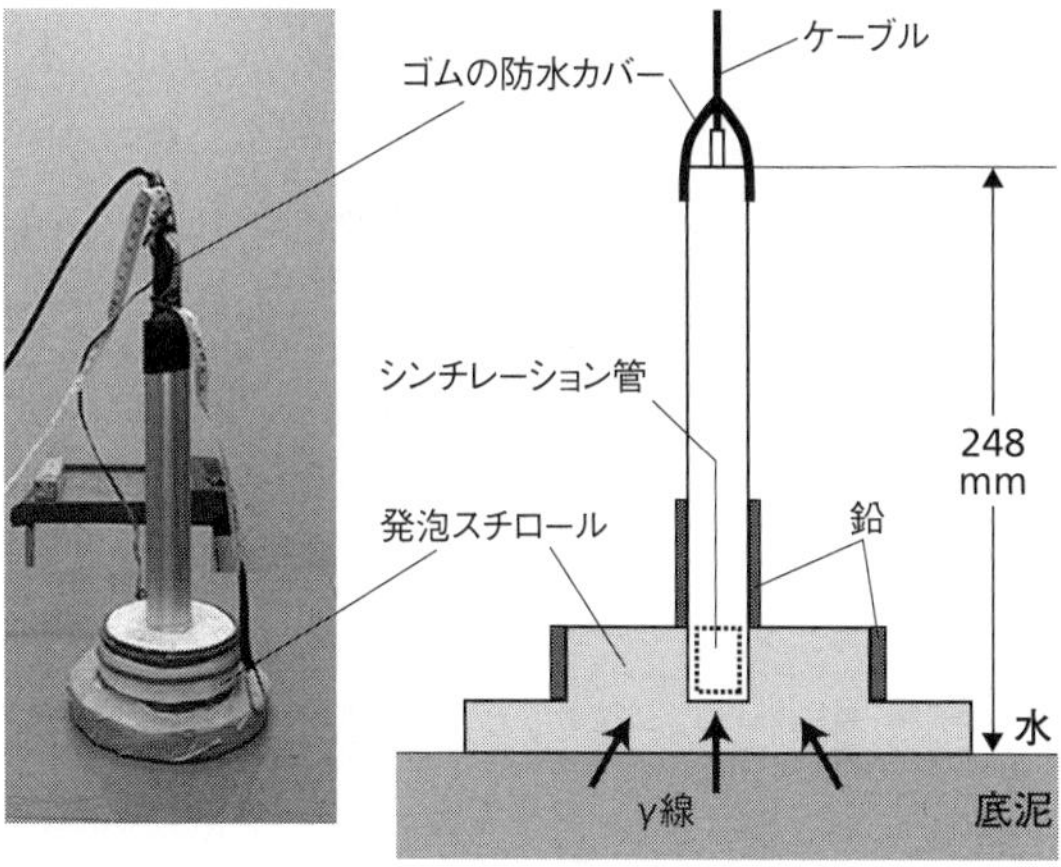

発泡スチロールを底部に付けることで安定した計測ができるようにした。発泡スチロールによるγ線の遮蔽は無視できる程度である（提供：塩澤昌氏）

２０１２年12月と２０１３年2月に、上流域が森林であるため池2カ所と、市街地であるため池1カ所の全3カ所の池の底泥について、放射性セシウム濃度の測定を行った。底泥の放射線を測るといっても、汚染が均一に拡がっている可能性は低く、むしろ一部に偏在していることが予想されたので、地底をくまなく全面的に測ることが目指された。すなわち、2.5メートルまたは5メートルおきのメッシュ（ロープの網の目）ごとに、計測者が乗り込んだボートを停止させ、サーベイメータを池に差し入れ底泥に静置して20秒間測定することを繰り返したのである（図版4－27）。池の水は凍ってこそいなかったものの、冬で手のかじかむなか、3つの池について65カ所、85カ所、83カ所というポイントすべてで計測を行うことには相当の困難が伴った。

測定の結果、ため池底泥の放射性セシウム量の分布は、上流部が森林の場合と市街地の場合で

図版4-27　ため池底泥の計測の様子

張り渡したロープを辿ってポイントを定め、サーベイメータを差し降ろす調査を数十カ所で繰り返した(提供:塩澤昌氏)

図版4-28　ため池底泥の放射性セシウム分布

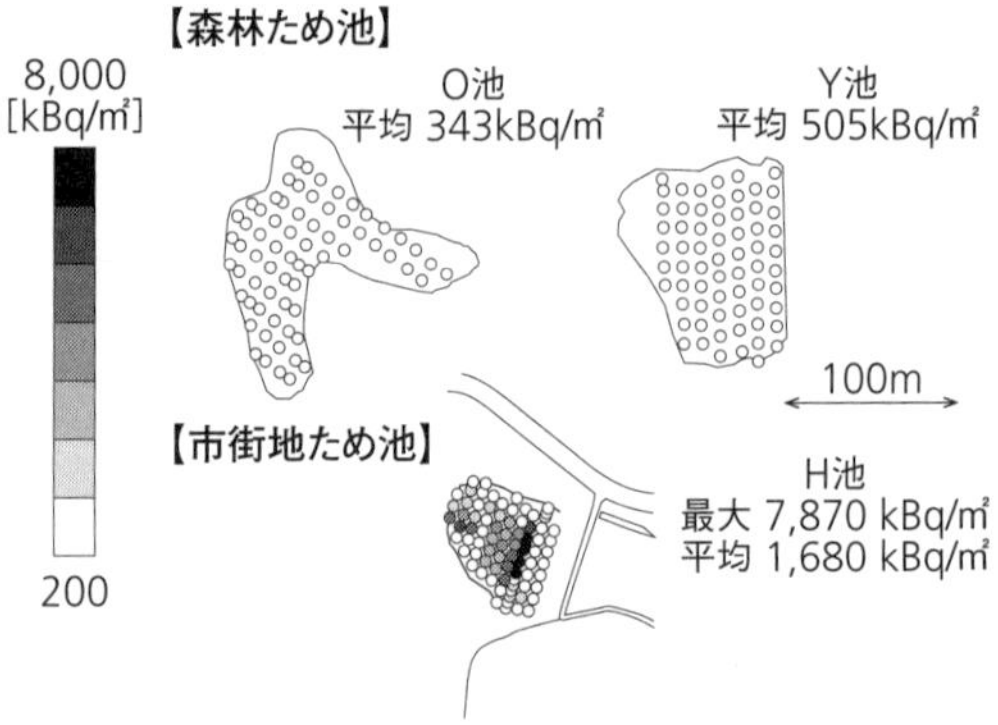

3カ所のうち、市街地が集水域のため池では、中央部で高濃度の地点があった(提供:塩澤昌氏、ため池図作成:原清人氏)

は大きく異なっていた。図版４－28には、各測定値を濃淡の点として示した。森林のため池の場合には、放射性セシウムの量は、一様に低い値を示し、ホットスポットも見られなかった。しかし、上流部が市街地の場合には、ため池中央部に放射性セシウム濃度が高い地点が存在していた。このＨ池では、最大値として１平方メートルあたり７８７０キロベクレルの放射性セシウムが検出された。

　これらのセシウムがどこから来たのかを考えるために、次のような考察を行った。まず、ため池へ流れ込んできて底泥に堆積した放射性セシウム量（Fsed）と、ため池水面に降ってきたフォールアウトの放射性セシウム量（Ffall）の比（Fsed/Ffall）を求めた。これが１より大きい場合には、フォールアウトで降ってきた放射性セシウムよりも、その後、ため池に流れ込んできた放射性セシウムの量が多いことを意味する。図版４－29に示されるように、ため池の上流に森林が位置してい

図版4-29　ため池底泥の放射性セシウム量

	森林ため池		市街地ため池
	O池	Y池	H池
Fsed［kBq／m^2］	343	505	**1680**
Ffall［kBq／m^2］	399	603	350
Fsed／Ffall	0.86	0.84	**4.8**
調査時の水の濃度［Bq／ℓ］（懸濁態＋溶存態）	0.34	0.45	1.59
溶存態	0.12	0.20	0.93

市街地から水を集める池では少なくともフォールアウトの4倍程度が上流から流入した。森林から水を集める池では水面へのフォールアウトの15%程度がため池から流出した。Y池は地形が複雑で面積を特定できないものの、調査時の流量はO池より少なかった。2011 年 3 月時点の放射能に換算した（調査協力：農村工学研究所・白谷栄作氏および久保田富次郎氏、南相馬市の皆様、池の水のセシウム分析は東京大学アイソトープ総合センターの野川憲夫氏。提供：塩澤昌氏）

る場合にはこの比は1より小さい。つまり事故当時にため池水面に降ってきたフォールアウトは、水の底へと移動し、底泥の表面に蓄積されたものの少しずつ下部へと移動している。フォールアウト以外の放射性セシウムがため池に加わらない場合には、底泥の放射性セシウムの測定値は次第に減少していくことを示している。

しかし、ため池上流部に市街地がある場合では、底泥の放射性セシウム量の平均値は上流部が森林の場合と比較して3倍以上になった。そして底泥の放射性セシウム量とフォールアウトの放射性セシウム量の比（Fsed／Ffall）は4.8と、かなり高くなった。つまり市街地が集水域の場合には、少なくともため池に降ってきたフォールアウトの4倍程度がため池に流入したことになる。そして、水に溶解している溶存態の放射性セシウムの濃度は、飲料水の規制値よりはるかに低いものの、森林域よりも市街地のため池の方が高くなった。では、このため池に入り込んだ放射性セシウムはどこから来たのだろうか。

市街地では除染作業が進んでいる。放射性セシウムが流れ出すとすると、強く吸着している土壌からということは考えにくい。また量からすると少し広い面積からの流出と推察されるので、道路などアスファルト面からの、除染作業による流出が考えられた。

そこで、H池の上流の農道や工場敷地におけるアスファルト面で放射性セシウムを測定した。そしてその値と、除染が行われていない隣接した土壌の地表面で測定した値とを比較した。土壌表面の放射線量がフォールアウトの値と考えると、除染が行われたアスファルト面では、フォールアウトの約半分の放射性セシウムが流出していることが分かった。

市街地での除染は、アスファルトの路面だけでなく、家屋の屋根や柱、コンクリートの建物などについても行われた。大手らの調査によると、森林から雨などで流れ出てくる放射性セシウムの量は、降ってきた放射性セシウムの数千分の1である。

そこで、まとめると次のようになる。土壌による被覆のない市街地のアスファルトや家屋などから水系へ、放射性セシウムの多量の流出があったこと。また、ため池や河川に濃度の高い地点（ホットスポット）が形成されたが、その原因は森林からのものではないこと、である。ため池では時間の経過と共に、放射性セシウムは次第に底泥に沈下し、底泥に蓄積した放射性セシウムはさらに下方へは移動するものの、市街地における除染作業が一段落した現在では、市街地からのこれ以上の流入が考えにくいため、ため池から放射性セシウムが流出することは将来においても大きな問題にはならないものと予想される。

市街地から河川への流入

次に、河川の場合の放射性セシウムの流入についても触れておきたい。

二瓶らによって2016年、茨城県の霞ヶ浦に注ぎ込む2つの河川の調査が行われた。市街地

図版4-30　流域の性格が異なる川へのセシウム流入

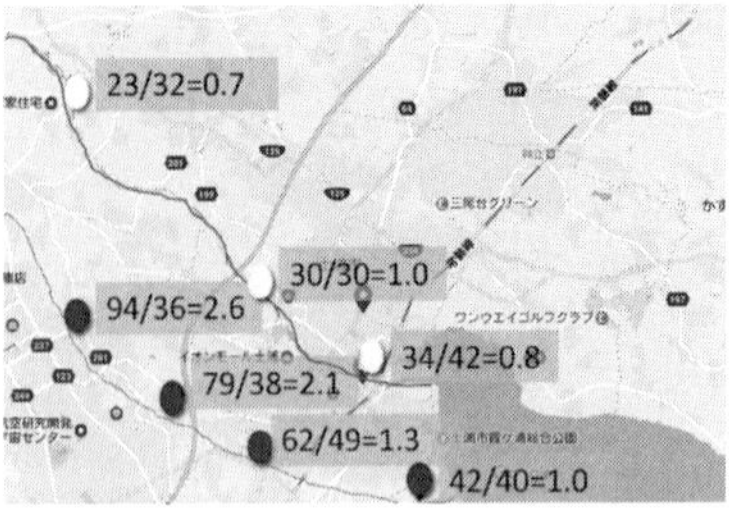

図中で下の方の川では、堆積物とフォールアウトとの濃度比が1を超えた。流域は上の川に比べて顕著に建物の多い市街地であった（提供：塩澤昌氏）

を流れる川と、田畑や森林を流れる川との比較である。川底の堆積物の放射性セシウム量（Fsed）を測定し、堆積物付近の土手の土壌の放射性セシウム量（Fbank）を、その地点に降ってきたフォールアウトと考えて、その比（Fsed／Fbank）を求めた。この比が1より大きければ、ほかから移動してきた放射性セシウムが蓄積したことになる。測定の結果、田畑や森林を流れる川ではこの比は1より低い傾向があったが、市街地を流れる川では比が高くなる傾向があり、川に放射性セシウムが流れ込んでいることが示された（図版4－30）。

二瓶らはまた、同年に福島県伊達市で、支流から注ぎ込む地点での川底堆積物と土手の放射性セシウム量を比較した。川の形状から、直線部や湾曲外側で降下してきた放射性セシウムが水流で押し流されており、Fsed／Fbank比は低かった（0.2—0.7）。逆に湾曲内側ではこの比は高くなった（1.4—2.0）。湾曲内側では川の流速が遅くなり上流域から流れてきた放射性セシウムが蓄積することが示唆された。

このように、ため池や河川の放射性セシウムによる汚染では、フォールアウトにより直接その場を汚染した量と、ほかからの流入による間接的な汚染の量を区別して考える必要がある。河川では、大雨などの増水時に上流から流されてきた土砂なども蓄積している。どのような場所に、どのくらいの量の放射性セシウムが流れてきて蓄積されるのか、また、河川流域の土地利用のあり方と川底への放射性セシウムの蓄積量にはどんな関係があるのかなど、放射性セシウムの二次的な挙動を把握することは、居住環境や農産物について将来予測を立てる上で重要な情報となるものと思われる。

ダムへの流入とダムからの流出

最後に、河川の水を集めて私たちの取水源となっているダムでの放射性セシウムの状況について述べたい。

塩澤らは2015―2017年、農水省からの協力も得て、上流の川の放射能汚染が最も高い、浪江町の大柿《おおがき》ダムについて、放射性セシウムの流入と流出を調査した。

大柿ダムは福島第一原発から15キロ離れたところにある。阿武隈山地の急斜面を流れる請戸川《うけどがわ》に農業用水供給用ダムとして建設されたもので、ダムに注ぐ川の流域面積は非常に広く110平方キロで、ダム湖面0.9平方キロの、じつに120倍の面積に及ぶ。そして、その84パーセントが森林である。原発事故による放射性物質の流れが最初にぶつかった山脈が、このダムの水源が拡がる阿武

図版4-31　大柿ダム上流側の汚染

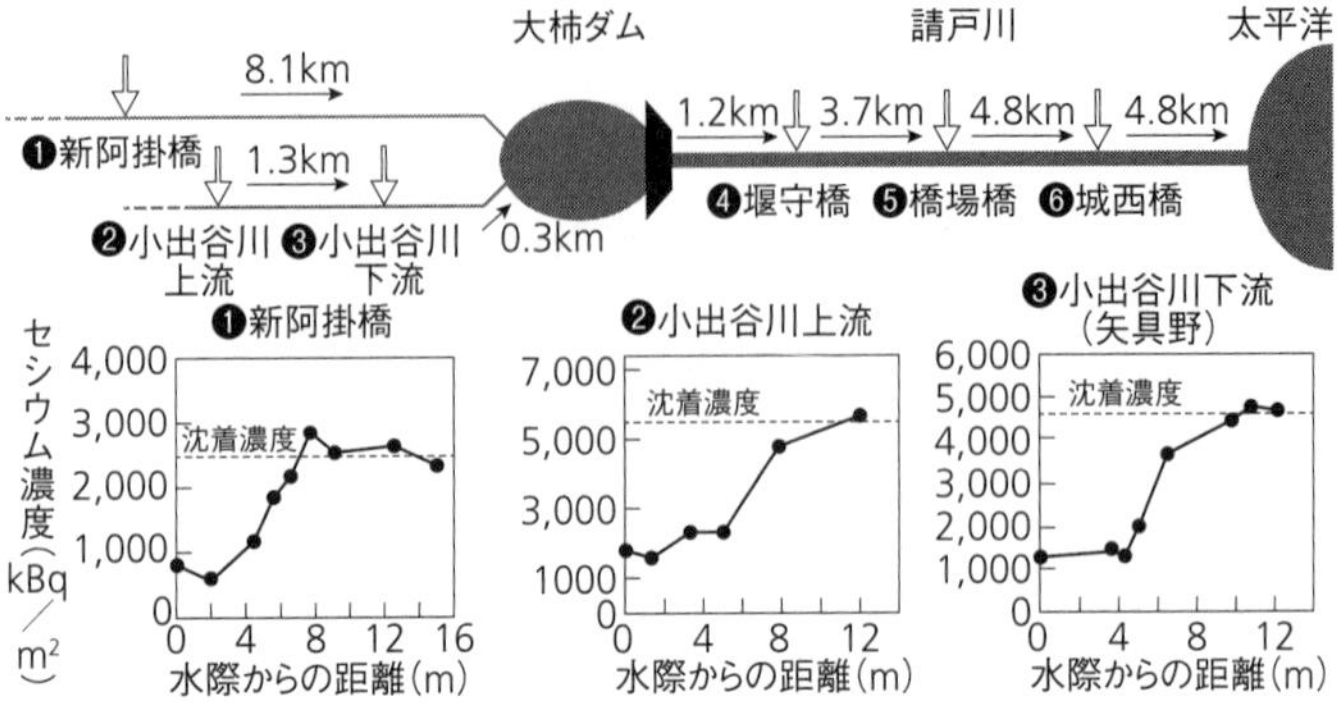

ダムに入る前の川では、水際に近いと放射性セシウム濃度が低く、遠いと高くなっている。当初の濃度（沈着濃度）より顕著に高くなってはいない（提供：塩澤昌氏）

隈山地であった。このため、ダムの上流には1平方メートルあたり1千万ベクレルを超える高濃度汚染地域が存在した。

このため大柿ダムでは2013年から農水省によって大がかりな調査が行われてきた。ダムの湖底における放射性セシウム濃度は10メートル四方で測定され、ダムへの放射性セシウムの流入については、川からの水が流入する2カ所で測定が行われた。その結果は、年に1、2回の豪雨時に放射性セシウムが流入するものの、その量は流域に存在する放射性セシウム源の500分の1から200分の1程度であった。流出源が流域全体にわたるのではなく豪雨時の河道に限られるとすれば、存在する放射性セシウムの量は少ないので、流出量の減衰は早く、放射性セシウムが半分になるまでの期間は10年ほどになると予測された。

塩澤らはこのダムの上流側2河川の3カ所およびダ

図版4-32　大柿ダム下流側の汚染

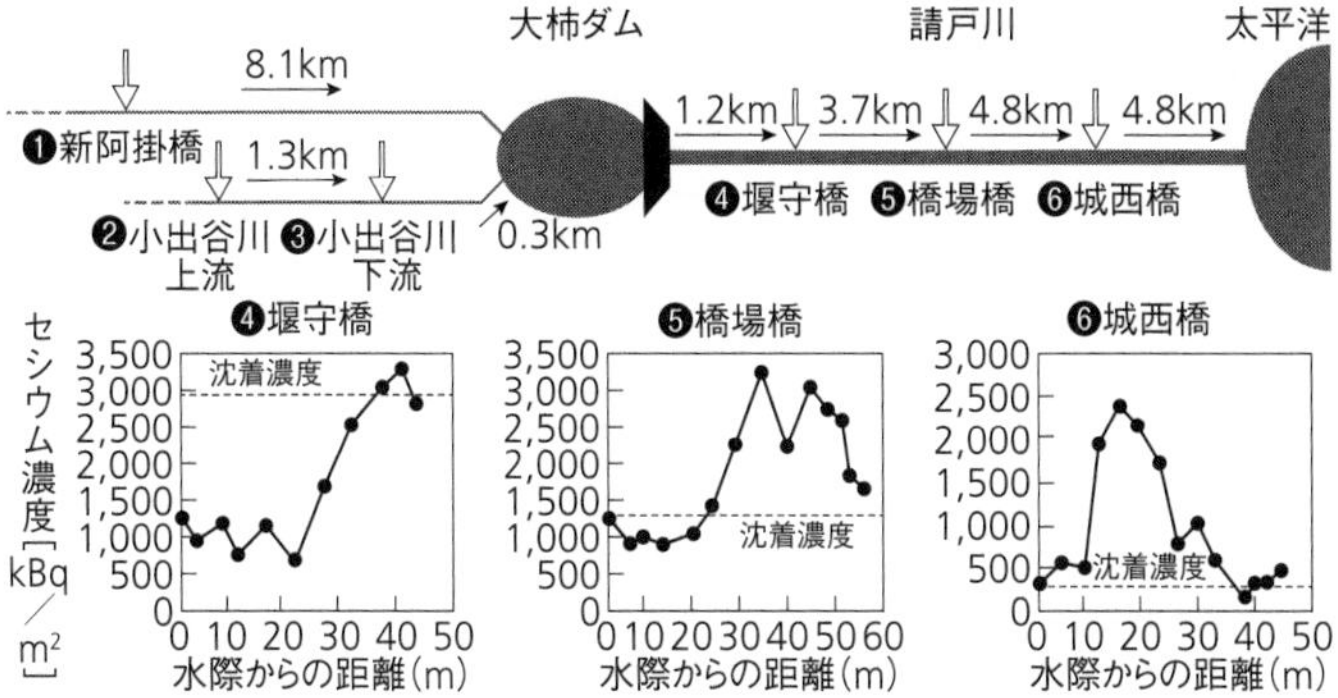

ダムから流れ出た川では、周囲の土手で当初の沈着濃度より大幅に高くなった（提供：塩澤昌氏）

ム下流の1河川の3カ所について、河川敷の放射性セシウム濃度を測定した。

上流側の河川敷では、水際から遠くなるにつれて放射性セシウム濃度が高く、水際に近くなるにつれて低くなった（図版4－31）。このことから、当初のフォールアウト量が多かったことと、川岸近くや川底にあった放射性セシウムが高濃度で吸着した土砂が川の流れによって流出したこと、そして、上流から放射性セシウム濃度の低い土砂が流れてきて堆積したことが推測された。川底の放射性セシウム濃度は、周辺土壌での濃度（沈着濃度）と比較すると非常に低く（100分の1から10分の1）、また川の流れが遅い場所では川底の土砂が多く、濃度は比較的高かった。

一方、ダム下流側では、ダムに近い場所では川底の放射性セシウム濃度は低いままであったが、5の地点（ダムから5キロほど下流）、6の地点（同10キロほど下流）とダムから離れるにしたがって、次第に、高濃度の放射性セシウムを含む土砂が堆積した。そして、川底に沈着していたと推定される当初の放射性セシウム濃度（沈着濃度）より、周囲の土手の濃度の方が高くなった（図版4－32）。

河川敷の放射性セシウム濃度の深さ方向の変化を見ると、ダム上流側では土壌表面にほとんどが留まっていたものの、下流側では豪雨でかなり土砂が運ばれて蓄積されていくため、地表から下方にも放射性セシウムが移動し蓄積していた。

農水省の調査によると、大柿ダムに流入する懸濁物質中に含まれる懸濁態の放射性セシウムの量は、2015年9月の関東・東北豪雨時と比較して、翌2016年8月の台風7号の際には著しく減少し、懸濁態量の目安である濁度と放射性セシウム濃度との相関を示すグラフの傾きは10分の1ほどとなった（つまり、流入量と濃度が相関しにくくなった）。これは、右に示した結果のように、上流では放射性セシウム濃度の高い川底の土壌がすでに動いた後であり、濃度の低い土壌が台風などで動いたため、懸濁態としてダムに流入した放射性セシウム濃度が低くなったのである。

塩澤らは2017年にも同地点での調査を行い、結論として以下のことが得られた。①川からダムに流入している放射性セシウムは、森林内部からの流出ではなく、河川水の表面に降下し河川敷の土砂に固定された放射性セシウムが豪雨時に移動したものである。②流出源はダムへ注ぐ河川流域のごく一部であり、流出は数年で著しく減少する。

セシウム流出のまとめと今後について言えること

福島県の森林面積が広いこともあり、一般には、森林に降下した放射性セシウムが動いてダムやため池に蓄積すると認識されている。しかし実際は、森林では放射性セシウムが土壌へと移動しており、土壌こそが、森林での放射性セシウムの主な蓄積場所となってきていて、森林からの放射性セシウムの流出は非常に少ないと見積もられている。

土壌中の放射性セシウムの、深度方向への移動についての長年にわたる調査では、土壌中に蓄積された放射性セシウムは事故当初の2、3カ月は速く移動したものの、その後は年間2ミリ程度しか動いていないことが分かった。このことは、日本の降雨量が年間1千—2千ミリなので、雨水が土壌中を移動する速度と比較して、放射性セシウムの移動は1千分の1かそれ以下ということになる。つまり、ほとんど動かないということだ。

また、放射性セシウムは水に溶けた形ではほとんど存在しない。そこで、河川水中の溶存態のセシウム濃度は非常に低く、河川の水が溶解した放射性セシウムを運んで蓄積しているとは考えにくい。ところが実際にはため池に放射性セシウムが多量に蓄積されてきている。

そこで、この放射性セシウムの移動および蓄積を調べるため、まず、ため池に放射性セシウムがどこから流入してくるのかが測定された。事故当時フォールアウトとして降ってきた放射性セシウムは水底の土壌に蓄積したが、事故後にどのくらいの量の放射性セシウムが水底に加わってきたのかを調べたところ、ため池の上流の土地利用が大きく関係することが分かった。すなわち、ため池の上流域に森林ではなく市街地が存在する場合に、ため池底の土壌にはフォールアウトの数倍量にあたる流入があり、蓄積してきた。つまり、ため池中の放射性セシウム濃度の増加には人為的な活動が大きく影響していたのである。

そして次に懸念されたことは、ダムへの放射性セシウムの流入と流出であった。大柿ダムは事故を起こした原発から15キロという近距離にあり、上流の放射線量は1平方メートルあたり1千万ベクレルを超えた。ダム上流側と下流側の河川敷で放射性セシウムを測定すると、ダムに新たに供給される放射性セシウムは、河川での侵食で供給される土砂に付着していたことが分かった。また、河川の流速の速いところは川底の土壌が運ばれるので放射性セシウム量は低く、遅いところは土砂が溜まりやすく放射性セシウム濃度が高くなっていて、河川敷の地形と放射性セシウム量との関係が示された。

これらの結果から、放射性セシウムは、森林土壌が侵食されて移動するのではなく、降雨、特に豪雨や台風の際、河川敷にフォールアウトとして降下して土砂に固定されていた放射性セシウムが流出して動くことが分かった。また、河川敷に存在する放射性セシウムは流域全体のごく一部なので、流出量の減衰は早いと予測された。農水省の大柿ダム調査でも、流入する懸濁物質中の放射性セシウム量が1年で大きく減少していた。

大柿ダムからの放射性セシウムの流出量が非常に低いことから、ダムは上流からの放射性セシウムを蓄積しており、下流への拡散を防いでいることも示された。もしダムがなかったら住民地域となる下流の河川敷の放射性セシウム濃度は非常に高くなったことが予想される。なお、農水省はダムの取水口から水中の放射性セシウムを測定しており、豪雨時に放射性セシウム濃度が高くなる際には取水しないよう管理しているため、農業用水として使用する際に放射性セシウム濃度が高くなる心配はない。

現在、一般に持たれがちなイメージ、すなわち森林から川を伝って放射性セシウムが流入・蓄積し、ダムやため池で高濃度になっているという考えは実際とはかなり異なっていた。流出源には除染など人間の活動もかかわっていること、ダム湖に蓄積している放射性セシウムのほとんどは原発事故時に湖面に降ってきたフォールアウトであり底泥に吸着していて放射線量は非常に低い。また、川から流入しているのは川底の土砂に固定されていた放射性セシウムが懸濁態となって流入してきたものであること、またその流出量は数年で減衰すると見込まれていることを再確認したい。

補論　セシウムボールと放出源

本書の最後に、近年明らかになった「放射性浮遊微粒子」について簡単に述べておきたい。これは一般にセシウムボールと呼ばれているものに関連する。

原発事故の過程を振り返ると、２０１１年3月11日の東北地方太平洋沖地震を受けて起きた大きな事故は、3月12日の一号機の水素爆発から、14日の三号機の水素爆発、そして15日の二号機の格納容器損傷と続いた。3月12日未明から何度も放射性物質が放出されたが、その多くは海側へ拡散し、15日の放出は特に北西の方向へ拡散して陸上の汚染をもたらした。

本書では主としてセシウム137についての調査と分析をまとめてきたが、この補論では、セシウム137とセシウム134の比に着目することで分かってくることを簡潔に述べたい。

事故後に測定された放射性セシウムには、半減期が30年のセシウム137と半減期が2年のセシウム134があった。10年後の現在ではセシウム134は事故当時のおよそ30分の1になっている。

セシウム137とセシウム134は生成の過程が異なる。原子炉の燃料はウラン235で、核分裂によりセシウム137やキセノン133などを生じる。キセノン133は崩壊して安定なセシウム133となり、原子炉内の中性子と核反応を起こしてセシウム134となる。しかしキセノンはガスであるため抜けやすく、またセシウム134が生成する核反応の元となるセシウム133自体が、キセノン133の崩壊を経ないと出てこないため、セシウム134の生成にはある程度の時間がかかる。当初の測定値ではセシウム137とセシウム134の比がほぼ1：1であったが、生成した炉の環境の違いによって比にも違いが生じる。

事故では、一号機では核燃料が周辺の材料を取り込み、それらが水素爆発で放出され、二号機では揮発性元素を多く含むガスが凝結して放出された。そこから、セシウム137とセシウム134の比は、一号機から放出されたのなら1：0.9、二号機なら1：1と、10パーセントほど異なると予想された。この比の違いから、実際の放射性降下物を調べることで、どちらの原子炉から放出されたかを推測することができると考えられるのである。

これに従って、松尾基之らはまず、原発一・二・三号機のタービン建屋《たてや》内の溜水《たまりみず》におけるセシウム134／セシウム137比を調べ、一号機の汚染水の方が二・三号機の汚染水よりも比の値が低いことを確かめた。次に、実際に東北と関東で土壌を採取し、セシウム137とセシウム134の放射能を測

図版5-1　原発事故で降下してきた2種の放射性浮遊微粒子

	タイプ A	タイプ B
	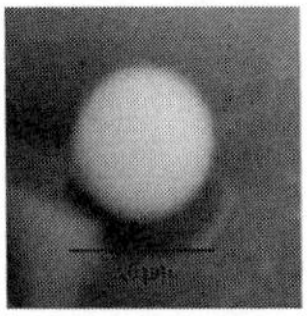 (Adachi et al., 2013)	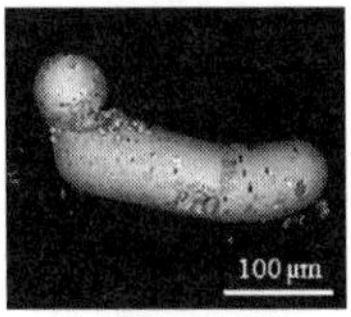 (小野ら、2017)
放出源（福島第一原発）	二号機	一号機
大きさ	1-3マイクロメートル	50-300マイクロメートル
形状	球形	様々
セシウム濃度	0.5-4ベクレル	30-100ベクレル
主要元素	ケイ素、鉄、亜鉛、セシウム	ケイ素、鉄、亜鉛、セシウム、カルシウム、チタン、鉛
分布域	広域（100キロ以遠まで）	近傍（20キロ未満）

提供：高橋嘉夫氏

定してセシウム134／セシウム137比を求め、それぞれの土地の土壌汚染が、原発のどの事故によって引き起こされたのかを推定した。

　他方、二瓶らは、原発から10キロ以内の農地でフィルターを使って大気粉塵を採取し調べたところ、放射性セシウムを含む、直径1マイクロメートルほどの球形の粒子を検出した。これらは空中でエアロゾル（浮遊微粒子）として存在していて、「セシウムボール」と呼ばれているものである（図版5－1）。その一方で、降下してきた粉塵にはこれよりも大きく、放射性セシウムを含む球形ではない別の粒子があることが分かった。こちらの粒子では、放射性セシウムは粒子内の限られた場所に含まれていた。放射性微粒子については様々な研究者から、その大きさに2種類あることが報告されている。大きい方（図版中タイプB）は一号機の爆発から、小さい方（同タイプA）は二号機の爆発から放出されたものではないかと考えられている。高濃度のセシウム137を含むこれらの微粒子にはケイ素が多く含まれており、水には溶解しない。タイプAのセシウムボールは、放射性物質の流れ（プルーム）の軌跡に沿って関東各地でも採取されたことから、近年注目を集めている。

これらの微粒子中に含まれるほかの元素についても分析が行われている。ウランについてはウラン235とウラン238の比が求められ、これが事故を起こした原子炉で用いられていた燃料棒の比と等しかったことから、水素爆発によってウランも飛散したことが示された。また、これらの微粒子にはウランの核分裂から生成するほかの元素（亜鉛や鉄）も含まれている。これらの元素の化合物の構成における酸素や水素の割合を調べることにより、水素爆発当初の酸素の少ない環境から、その後どのように酸化反応が起きていったかを推測し、放射性物質の構成や性質をより詳しく知ることにつながりうるのである。

このように、事故から10年が経過した後でも、放射性物質の詳しい分析から新たに明らかになる事実が存在しているということも、私たちは知っておかねばならないだろう。

おわりに

事故後10年が経過しようとしている。そこでこの10年の研究成果をもとにもう一度、農業基盤である土壌の汚染とはどのようなものなのかについて振り返り、除染後の農地を使った営農再開にはどのような問題があるのかについて分かってきたことをまとめてみた。農地や市街地の除染は進んだものの、依然として、戻って来られない人も多い。かつての農地は営農放棄地として荒廃しはじめているところもある。農地の除染は表土の除去が中心であったが、除去した汚染土壌は大量にフレコンバッグに詰められてかつての農地にも置かれている。表土を取り除いた後には山砂が運ばれ、地力の回復にはかなりの年数が必要となった。

農産物については福島県のホームページに詳しくモニタリング結果が報告されている。作物中の放射性セシウム濃度は基準値を上回ることがなくなったばかりか、ほとんどが検出限界値未満となった。市場に出る農産物は事前チェックが行われている。玄米については全袋検査から抽出検査に変わった。穀物・野菜・果樹などを含め農作物の安全性は担保できているものの、事故後10年経っても価格が事故前まで戻っていない農作物があり、風評被害が一部残っている感もある。

牧場での調査研究で、汚染された動物の生きたままの除染が可能であると分かったことは重要である。放射性セシウムの生物学的半減期が数日から数十日と比較的短く、汚染された動物に汚染していない飼料を供給することにより、体内の放射性セシウムを除去できるのである。これは、汚染された動物を必ずしも殺処分する必要がないことを意味する。汚染を理由に処分された動物もあったが、もしもこの結果が分かっていたら、動物への対処が異なっていたかもしれない。また、動物からの汚染した代謝産物などは、堆肥として有効活用できることも示された。

福島県の7割を占める森林については、面積が広大なため住宅の近く以外は除染が行われていない。そのため、一般の人が最も知りたいことのひとつが森林汚染の状況だと考えられる。

森林全体では、降ってきた放射性セシウムの受け皿は主に樹木であった。しかし時間がたつにつれて葉や樹皮などが地表に落ち、分解し、それらに吸着していた放射性セシウムが年々土壌に移ってきて、地表に固定されている。そして、放射性セシウムは水にはあまり溶解せず、大部分は土壌鉱物や有機物にしっかり固定されているため、堆積した土壌や有機物が削られたり巻き上げられたりしないかぎり、汚染は拡がらないことが分かった。

放射性セシウムはフォールアウトとして最初に触れた箇所に吸着してほとんど動かなくなった。このことが、放射能汚染の影響を考える上で最も重要なポイントとなるだろう。

あとがき

この本に紹介した結果は、東京大学大学院農学生命科学研究科で行われた調査を中心にまとめたものである。ここには、土壌、作物、畜産、森林、放射線測定などの専門家集団がおり、福島第一原発事故後ただちに福島の現地に入り込んで調査研究を始めていた。現場の農林業とは環境そのものであり、その多彩な分野を考えると、これほど多くの専門家が集まり、ボランティアをベースに現場に赴いてこの10年間、放射能汚染に取り組んでシステマティックな調査研究結果を得てきたところはおそらくほかにないだろう。

調査結果は定期的な一般の方々向けの報告会で発表され、2011年から2020年まで、その数は16回を数えた。私たちの調査研究グループとして、また協力者として活躍されたのは以下の方たちであり、深く感謝申し上げる次第である。（敬称略、五十音順）

石田健（元東京大学大学院農学生命科学研究科）
上田義勝（京都大学）

大手信人（京都大学、元東京大学大学院農学生命科学研究科）
Martin O'Brien（東京大学大学院農学生命科学研究科）
菅野里美（名古屋大学、元東京大学大学院農学生命科学研究科）
小暮敏博（東京大学大学院理学系研究科）
小林奈通子（東京大学大学院農学生命科学研究科）
佐藤守（福島県農業総合センター）
塩澤昌（東京大学名誉教授）
信濃卓郎（北海道大学、元農業・食品産業技術総合研究機構）
杉田亮平（東京大学大学院農学生命科学研究科）
田尾陽一（ふくしま再生の会理事長）
髙田大輔（福島大学、元東京大学大学院農学生命科学研究科）
高橋友継（東京大学大学院農学生命科学研究科）
高橋嘉夫（東京大学大学院理学系研究科）
田野井慶太朗（東京大学大学院農学生命科学研究科）
丹下健（東京大学大学院農学生命科学研究科）
西村拓（東京大学大学院農学生命科学研究科）

二瓶直登（福島大学、元東京大学大学院農学生命科学研究科）
Laurent Nussaume（フランス、ＣＥＡ：原子力・代替エネルギー庁）
根本圭介（東京大学大学院農学生命科学研究科）
橋本昌司（森林研究・整備機構森林総合研究所）
濱本昌一郎（東京大学大学院農学生命科学研究科）
廣瀬農（星薬科大学、元東京大学大学院農学生命科学研究科）
益守眞也（東京大学大学院農学生命科学研究科）
眞鍋昇（大阪国際大学、東京大学名誉教授）
三浦覚（森林研究・整備機構森林総合研究所）
溝口勝（東京大学大学院農学生命科学研究科）
森美穂子（原子力規制庁、元東京大学大学院農学生命科学研究科）
山田利博（東京大学大学院農学生命科学研究科）
吉田修一郎（東京大学大学院農学生命科学研究科）
李俊佑（東京大学大学院農学生命科学研究科）

それから、福島県の現場において調査に協力してくださった飯舘村の菅野宗夫さん、ふくしま再生の会をはじめとする農家の方々に深く感謝申し上げたい。特に飯舘村の大久保金一さんは、冒頭に紹介した土壌中の安定同位体と放射性セシウムの分布を測定するため農地を快く提供してくださった。これらの方たちが非常に熱心に、原発事故による環境を含む農業への影響の調査に協力してくださったおかげで、ここに述べた多くの福島の放射能汚染についての実験や実地調査が可能になった。また、出版にあたり、原稿のチェックなどきめ細いアドバイスをいただいた、NHKブックス編集部の倉園哲氏に深く感謝申し上げる次第である。

福島第一原発事故による放射能汚染の調査研究については、対象地域が広範であることから、その影響を明らかにするためにはさらに長期間の継続が必要である。私たちは、今後も引き続き調査研究を行っていかなければならないと考えている。

中西友子

2021年3月

中西友子（なかにし・ともこ）
星薬科大学学長、東京大学名誉教授・特任教授。1978年、東京大学大学院理学系研究科博士課程修了。理学博士。日本ゼオン㈱研究員などの後、1987年東京大学農学部に入り、助手・助教授を経て2001年から東京大学大学院農学生命科学研究科教授。2016年退官後、東京大学名誉教授・特任教授。2019年から星薬科大学学長。専門は放射線植物生理学。Hevesy賞、猿橋賞、日本放射化学会賞などを受賞。フランス国家功労勲章受章。スウェーデンチャルマース工科大学名誉博士。
著書に『土壌汚染――フクシマの放射性物質のゆくえ』（NHKブックス）、共編著に3部作のシリーズ *Agricultural Implications of Fukushima Nuclear Accident*, Springer, 2013, 2016, 2019など。

NHK *BOOKS* 1268

フクシマ　土壌汚染の10年
放射性セシウムはどこへ行ったのか

2021年４月25日　第１刷発行

著　者　**中西友子**　
発行者　**森永公紀**
発行所　**NHK出版**
東京都渋谷区宇田川町41-1　郵便番号150-8081
電話 0570-009-321（問い合わせ）　0570-000-321（注文）
ホームページ　https://www.nhk-book.co.jp
振替　00110-1-49701
装幀者　**水戸部 功**
印　刷　**三秀舎・近代美術**
製　本　**三森製本所**

Printed in Japan　ISBN978-4-14-091268-3 C1361

NHK BOOKS

＊自然科学

植物と人間—生物社会のバランス—　宮脇　昭
アニマル・セラピーとは何か　横山章光
免疫・「自己」と「非自己」の科学　多田富雄
生態系を蘇らせる　鷲谷いづみ
がんとこころのケア　明智龍男
快楽の脳科学—「いい気持ち」はどこから生まれるか—　廣中直行
物質をめぐる冒険—万有引力からホーキングまで—　竹内　薫
確率的発想法—数学を日常に活かす—　小島寛之
算数の発想—人間関係から宇宙の謎まで—　小島寛之
新版　日本人になった祖先たち—DNAが解明する多元的構造—　篠田謙一
交流する身体—〈ケア〉を捉えなおす—　西村ユミ
内臓感覚—脳と腸の不思議な関係—　福土　審
暴力はどこからきたか—人間性の起源を探る—　山極寿一
細胞の意思—〈自発性の源〉を見つめる—　団　まりな
寿命論—細胞から「生命」を考える—　高木由臣
太陽の科学—磁場から宇宙の謎に迫る—　柴田一成
形の生物学　本多久夫
ロボットという思想—脳と知能の謎に挑む—　浅田　稔
進化思考の世界—ヒトは森羅万象をどう体系化するか—　三中信宏
イカの心を探る—知の世界に生きる海の霊長類—　池田　譲
生元素とは何か—宇宙誕生から生物進化への137億年—　道端　齊
土壌汚染—フクシマの放射線物質のゆくえ—　中西友子
有性生殖論—「性」と「死」はなぜ生まれたのか—　高木由臣
自然・人類・文明　F・A・ハイエク／今西錦司
新版　稲作以前　佐々木高明
納豆の起源　横山　智
医学の近代史—苦闘の道のりをたどる—　森岡恭彦
生物の「安定」と「不安定」—生命のダイナミクスを探る—　浅島　誠
魚食の人類史—出アフリカから日本列島へ—　島　泰三